はじめに

望月俊昭

ノーベル賞には数学賞がなく，数学賞として有名な賞としては，フィールズ賞，アーベル賞，ガウス賞などがある．このうちアーベル賞は，「毎年授与される」，「年齢制限なし」，「業績に対する評価」，「高額賞金（約1億円）」などの点で，ノーベル賞に性格が似ている．

これに対しフィールズ賞（1936年スタート）は数学賞の最高権威との評価が高いが，「4年に一度」，「40歳未満」，「業績でなく人物に対する賞」，「少額賞金（100〜200万円）」という点で，ノーベル賞，アーベル賞とは，性格がかなりちがう．あのフェルマーの最終定理を証明したアンドリュー・ワイルズも40歳をわずかに超えていたためフィールズ賞を手にしていない．

業績に対する賞で年齢制限がないノーベル賞では70〜80歳代での受賞ということも稀ではない．米国のノーベル賞科学部門3賞の受賞者合計は200人を超えているが，フィールズ賞受賞者は13名しかいない．

4年に一度，4名まで，しかも40歳未満だけに与えられるという点からすれば，フィールズ賞受賞者が天才数学者でなければ誰が天才数学者か，と思うのは私だけではないだろう．

ところが，である．日本のフィールズ賞受賞者3名のうちの1人，広中平祐はこう言う．

　つくづく世界は広いと感じる．私は二十六歳で，米国のマサチューセッツ州ケンブリッジにあるハーバード大学に留学してから今日まで，世界のあちこちで，おおげさではなく思わず寒気さえ覚えたほどの天才を何人か，この目にした．…広いこの世界には天才がひしめいているのだ．
　　　　（広中平祐『生きること学ぶこと』集英社文庫）

広い世界には天才が実在するが，自分は天才ではない，という思いが彼にはある．小学生を前にした15分あまりの講演で＜私のことを抜群の才能とか，頭脳明晰といってくれるのは嬉しいのですが，それは違う．広中平祐は抜群の努力家だというだけです＞と興奮気味に口にしたことを振り返る．

　私という人間のことを一番よく知っているのは誰か．私自身である．その私自身から素直に見る私は，とび抜けた才能をもっているわけではない．私はそのかわり，努力することにかけては絶対の自信がある．あるいは最後までやりぬく根気にかけては，決して人に負けないつもりでいる．…「努力」とは私においては，人以上に時間をかけることと同義なのである．
　　　　　　　　　　　　　　　（同上）

我々凡人から見て天才としか言いようのない広中平祐の＜努力とは人以上に時間をかけること＞という言葉は，ズシリと重い．

うまくいかないのは…，できないのは…，と弁解を口にする暇があったら努力せよと叱られているような気がする．

数学者広中平祐の重い言葉を共にかみしめたところで，受験生諸君に一つだけこれに加えたい．それは，方法を磨く，ということだ．

受験生は，限られた時間の中で学んでいく．その学びの時間は，必死でない他人の2倍は可能かもしれないが，必死で取り組むライバルの2倍はおろか1.5倍さえも不可能である．

今から変えられない才能と限られた勉強時間という制約の中で，ライバルとの差をつける唯一の要素，それは，学びの質である．

学びの質を向上させる工夫をおこたらないこと．

自分はこういう方法で学ぶのだ，という自分流勉強法を意識した学びこそが，本当の力をつけるための真の学びではないだろうか．

 # 本書の利用法

前置き その1

◇この本は，高校受験で志望校合格をめざしている人を対象にして，受験数学の基本・応用レベルのポイントを整理したものです．

◇本書を手にして，知らないことが多いと感じる人と，知っていることが多いと感じる人がいるはずです．
また，同じ人でも，手にする時期によってその印象は大きくちがうことになります．また，手にする時期だけでなく，それまでの学習内容（範囲，難易度なども含め）のちがい，塾に通っているか否か，通っているとして，その塾が集団指導か個別指導か，など．さらに，学校や塾で受ける授業が，数学の重要事項や解法のポイントを強調してくれる授業であるか否かなど，受験生をとりまく環境は大きくちがいます．

◇1冊の受験参考書や問題集がすべての受験生に同じように役立つわけではない，というのと同様，本書の効用は様々で，本書の利用法も様々…と思います．

前置き その2

◇数や図形に関する基本事項を知らなかったり忘れていれば，思考力は役立ちません．また，解法のツールもあいまいでは入試では使い物になりません．

◇解法のツールを蓄積していくときに大事なのは，使えるように蓄積する，ということです．何冊もあるノートや膨大なプリントの中に埋もれていては意味がありません．＜必要なときにサッと取り出せる＞ようにためていくことが不可欠です．

◇では，必要なときにサッと取り出すためには，どうすればよいか．たくさんの小箱を，すぐ取り出せるように大きな箱に収納するときに人はどんな工夫をするか．ポイントは，何によって瞬時に見分けるのか，ということです．
　① つけられた名前から，見分ける．
　② 大きさ・形・色などから，見分ける．
などが基本となります．
これを，受験数学の重要事項の整理にいかに活用するか，です．

前置き その3

◇図形分野の問題の多くは，問題文中の図形がどのような性質をもっているかを見抜くことが，問題解決への最初のステップになります．
補助線を引かなければならない問題はもちろんのこと，補助線不要の問題においても，合同な三角形や相似な三角形を見て取れなければ一歩も先へ進めません．

◇これに対し，数式分野の問題の多くは，一つ一つ操作を重ねて先へ進む問題が大半です．
平方根や2次方程式の応用問題に接して，最初に何をしたらよいか見当がつかない，という問題はほとんどありません．
受験数学は，図形分野であれ数式分野であれ，

＜こういうときはこうする＞

という手順によって成り立っているといえます．そして，数式分野の問題に対する解答は，図形分野の問題に対する解答に比べると，＜こういうときはこうする＞という手順そのものである色彩が強いはずです．

＜通分する＞，＜展開する（カッコをはずす）＞，＜因数分解する（カッコでくくる）＞，＜おきかえをする＞，＜分母の有理化をする＞などの基本手順など，また＜条件式を変形する＞，＜求値式を因数分解する＞，＜平方の差をつくる＞，＜基本対称式で表す＞などの応用手順を経て，与えられた式や条件から求めるべき関係式や値へと進んでいきます．
既に学習した＜こういうときはこうする＞という手順どおりに進めていくことができればよいわけです．

◇最終段階に向かう進むべき方向をまちがえないこと，そして，各段階でミスなく操作して次のステップへ進んでいくこと，これが，が不可欠です．

本書を使うにあたって

◇本書の活用のポイントについて
〔その1〕 基本事項を確認する．
〔その2〕 手順を確認にする．

〔1〕何をすべきかを決定する基本事項

例）「互いに素」
　　「$\sqrt{6}$ の小数部分」など

問題を解き進めるための前提となる基本事項は常に確認すべきです．必要性を感じたものについては，マーカーなどでチェック（線を引く，枠で囲む，近くに自分の文字を書き添える）してください．

〔2〕次のステップへ進むための手順

例）「x について整理する」
　　「両辺を2乗する」など

目の前の条件式や関係式などにどのような操作を加えて次の段階へと進むかという手順を，確実に自分のものにする必要があります．

基本事項および操作手順が完全に頭に入るまで，どのようなスタイルであれ，見た瞬間に「あっ，そうだった！」と目で確認できるように整理しておくべきでしょう．

◇自分専用にチューンアップする

☞チューンアップ…手を加えて性能をよくする

（例1）

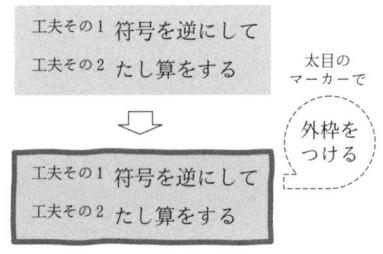

（例2）

```
──最低次数の──
　1文字で整理して
　　　　↓
　最低次数の
　1文字で整理して
```

本書の文字や解法のポイントなどは黒の単色で，カラー刷りではありません．みなさんが自分で必要に応じて色をつけてください．

自分用チューンアップのポイントは────────，
　　＜これぞポイント中のポイントだ＞
と感じた事柄を…，
　　⇨ 枠に太目のマーカーで色をつける
　　⇨ 文字で示されたポイントを強調する

自分にとって必要と感じた事柄については，次回ハンドブックを開いたときに目にパッと飛び込んでくるように手を加え，自分専用の数学ハンドブックへと改良してください．

⇒書き込むときの文字の工夫

本書では，上付き文字・下付き文字を多用しています．みなさんも，ぜひ使ってください．

（例）相似がテーマの基本図形
　　　　↑
　　上付き文字

⇒付箋をつける工夫

自分にとっての重要度によって，付箋の貼り方を変える．

　決定的に重要…はみ出しを長め
　それなりに重要…はみ出しを短め（など）

⇒マーカーを使う工夫

自分にとっての重要度　　最大　→　太く
　　　　　　　　　　　　やや大　→　細く

◇何度も見ることを前提に

人間は，コンピューターとちがって忘れる動物であるということを前提に，取り組む必要があります．

➤ 忘れるのを前提に，何度も見る．
➤ 立ち寄ったとき，その足跡を残す．
　文字でなくてもよい．
　いたずら書きでもよい．
　ライバルの彼に勝った！(7/12) など．
　立ち寄った回数（何回目か）を
　1回目 → T，2回目 → TT　…など．
　── T は自分の or カレ(カノジョ)のイニシャル？──

◇索引も，自分用に追加する

本書の最後に「索引」があります．必要であれば，みなさんが自分で補ってください．「索引」ページの下半分は空欄になっています．書き留めておくべきだと思う事柄をそこに自由に書いてください．

　　＊　　　＊　　　＊　　　＊　　　＊

目次

はじめに	1
本書の利用法	2
本　編	6 ～ 89
［1］　数の分類	6
［2］　正負の数	10
［3］　平方根	12
［4］　整数	20
約数・倍数	20
素数	24
公約数・公倍数	26
商と余り	30
［5］　文字式とその計算	34
［6］　等式・1 次方程式	42
［7］　不等号・不等式	54
［8］　式の展開・因数分解	58
式の展開	58
因数分解	62
［9］　2 次方程式	70
［10］　式の計算	78
［11］　文章題	83
テーマ別重要事項のまとめ	90 ～ 113
［1］　n 進法	90
［2］　余りの性質と「合同式」	94
［3］　互いに素	98
［4］　ピタゴラス数	102
［5］　カタラン数	104
［6］　不定方程式	106
［7］　数式分野の証明問題	110
索　引	114 ～ 119
あとがき	120

コラム①　計算ミス？	9
コラム②　素数探索の旅	25
コラム③　珍現象の原因	119

［1］ 数の分類

小学生時代の算数では，正の整数だけの世界に小数・分数が加わるという新たな数の世界へ広がりを体験し，中学数学では，いきなり負の数の世界への広がりと，無理数の世界への広がりを体験することになります．そして，新世界の数を知ることは，同時に旧世界の数に名前がつく…というように進んでいきます．

▷ 基本性質 1

1-1 分類Ⅰ ——整数の分類・数の分類 その1

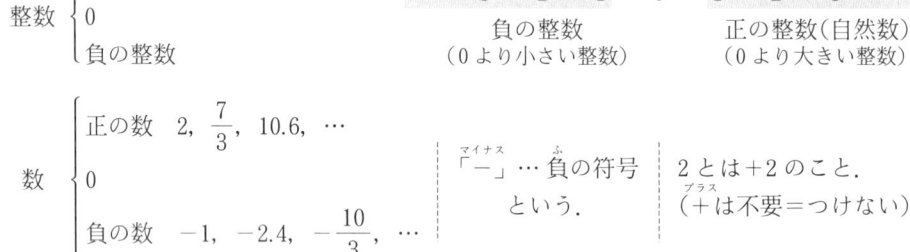

1-2 分類Ⅱ ——数の分類 その2

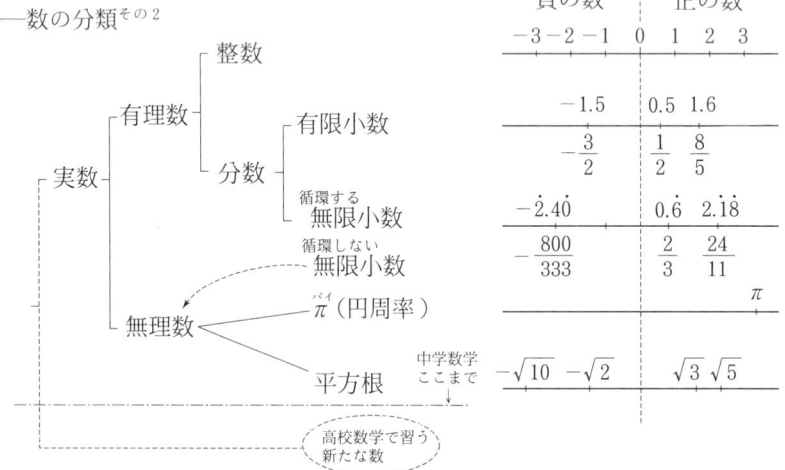

☞ この「数式編」で，それぞれの数について順を追って説明していきます．はじめに「全体（全貌）を」ということです．

▷**基本性質** 2

1-3 新ルール・新記号 その1 —— 仮分数で ——

算数で扱う分数	数学で扱う分数
（例）	（例）
真分数 $\dfrac{1}{3}$ → 真分数 $\dfrac{1}{3}$	
仮分数 $\dfrac{5}{3}$ → 仮分数 $\dfrac{5}{3}$	
帯分数 $1\dfrac{2}{3}$ → （使わない）※	

※☞中学・高校の数学では，帯分数は使わない．
（理由）文字式の項参照．

$$a\dfrac{c}{b} \quad \begin{matrix}（小学校）\to a+\dfrac{c}{b}\\（中学校）\to a\times\dfrac{c}{b}\end{matrix} \text{を意味する}$$

$$\left(=\dfrac{ac}{b}\right)$$

1-4 新ルール・新記号 その2 —— 累乗という形 ——

$2\times2 \quad 2^2$ 「2の2乗」
$2\times2\times2 \quad 2^3$ 「2の3乗」
……

同じ数を何個かかけたものを
その数の「累乗」という．

$$\underbrace{2\times2\times2}_{3個}=2^3 \to \text{指数 という}$$

☞ $2^1=2$
$2^0=?$ → $2^0=1, 3^0=1, 4^0=1, \cdots$（ある数）$^0=1$ （☞文字式のまとめ参照）

「2乗」のことを「平方」
「3乗」のことを「立方」 }という．

$2\text{cm}\times3\text{cm}=6\text{cm}^2$ ということ． ☞ $\begin{cases}\text{数値をかける}\\\text{単位もかける}\end{cases}$ ということ．

1-5 新ルール・新記号 その3 —— 不等号 ——

数の大小関係を，＜，＞，≦，≧で表す．
（例） $x>0$ … x は 0 より大きい ……………………①
$x<0$ … x は 0 より小さい(0 未満) ………………②
$x≧0$ … x は 0 以上 ……………………③
$x≦0$ … x は 0 以下 ……………………④
$0<x<2$ … x は 0 より大きく 2 より小さい ………⑤
$0≦x≦2$ … x は 0 以上 2 以下 ………………⑥
$0<x≦2$ … x は 0 より大きく 2 以下 （など）

☞・「等しい」を表す記号「＝」を「等号」という．
・「等しくない」を「≠」で表す．（例） $n≠0$（n は 0 ではない）

☞「数直線」上で表すとき…． 原点 0 …数直線上の 0 の位置を「原点」という．

☞不等号の下に等号がついていない場合，数直線上では○(白丸)で，等号がついている場合は●(黒丸)で表します．

1-6　新ルール・新記号^{その4}　── 絶対値・絶対値記号 ──

「絶対値」とは…

1. ＜符号をとった数＞で
2. ある数の絶対値とは，数直線上において
ある数に対応する点と原点との距離をいう．

　　　すなわち「原点からの距離」のこと．

- -3 の絶対値　3
- $-\dfrac{1}{2}$ の絶対値　$\dfrac{1}{2}$
- 0 の絶対値　0
- 「絶対値が 2」になる数　$+2$ と -2

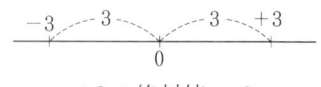

$+3$ の絶対値 … 3
-3 の絶対値 … 3

☞ 0 に対応している点を「原点」という．

「絶対値記号」| |

（例）　$|-2|=2$，$|-3.6|=3.6$，$|5|=5$，$|0|=0$

☞新しい数は新しい名前とともに登場し，そのとき，すでに存在している数に新しい名前がつきます．

小学校低学年のカワユイ妹との対話．

　兄　割り算勉強しているの？
　妹　そうだよ，問題出して．
　兄　$6\div2$ は？
　妹　3．簡単すぎるよ．もっと難しいの，出してよ．
　兄　んじゃ，$2\div3$ は？
　妹　割れないじゃん，そんなの．
　兄　いや，妹よ．割れるんだよ．
　妹　ウソ！，だって，そんな答え，ないもん．
　兄　それが，答えがあるんだ．必殺技を教えてあげよう．
　　　まず，横に棒を引いて…　　　　　　　　　　$2\div3=\dfrac{}{}$
　　　次に，$\div$ の記号の前にある数を──の上に書いて　$2\div3=\dfrac{2}{}$
　　　その次に，$\div$ の記号の後にある数を──の下に書いて　$2\div3=\dfrac{2}{3}$

　　　これでオシマイ．──は「ぶんの」と読むんだ．
　　　下から読んで，「3 ぶんの 2」，これが答えだ．
　こう説明された妹の反応は…？．
　反応①　何それ，インチキじゃん．
　反応②　わあっ，すごい．簡単じゃん．

　妹が知っている数の世界は実は整数(自然数)の世界で，その世界には「$2\div3$」の答えになるものは，ないのですが，2 メートルのひもを 3 つに分ける必要も現実的にはあるわけで，答えがないというわけにはいかない現実を前にして，人類の英知は，「分数」という新しい数を発明（実は，整数と 1 本の棒を使って表しているだけ）し，すでに存在していた数に「整数」という名をつけた…，というわけです．

　$2-3=?$ も，2 乗すると 2 になる数 $=?$ も，同様．
　新しい数が名前つきで旧世界に登場し，同時に旧世界の数にも新しい名前がつく．そして，歴史は繰り返す．

　数の分類は，こうして，広がっていきます．高校数学で登場する新しい数の名は「虚数」であり，それまで使っていた「虚数」以外の数が「実数」と呼ばれることになるのです．というわけで，虚数が存在しない中学数学の世界では，「実数」の名も不要です．

□ コラム①

計算ミス？

カワユイ妹　　お兄ちゃん，九九を覚えたから問題を出して．

キミ　　じゃあ，5題出すから全部できたら合格だ．

(カワユイ妹は1題まちがえる．)

キミ　　まだダメだね．

カワユイ妹　　今のはミスだもん．

キミ　　ミスって，九九をまちがえるなんて．

カワユイ妹　　もう1回出して，次はまちがえないから

キミ　　それじゃあ，もう一度5題．

(カワユイ妹は再び1題まちがえる．)

キミ　　やっぱりまちがえたから，合格とはいえないな．

ニクタラシイ妹　　お兄ちゃんだって，計算をよくまちがえてお母さんにおこられているじゃない，フンだ．

5題に1題まちがえる九九では，とても九九を覚えたと評価できない．

3題に1題バツ → 精度66%の計算力
4題に1題バツ → 精度75%の計算力
5題に1題バツ → 精度80%の計算力

ということだ．

できるのに——本当はできるのに——まちがえるのではない．その程度できるということ．そして，その程度しかできないということ．

ゴロをとれない野球選手ではチームのレギュラーになれない．音をはずす楽器演奏者も，楽団員になれない．大事なところでミスをする人間を使うわけにはいかないからだ．当然「今のはミスです」という言い訳などは通用しない．できるのにミスをしたのでなく，できないのである．

多くの受験生とその親は，「計算ミス」という言葉を，不注意によるミス(ケアレスミステイク)という意味で使っている．やり直せばできるのだから「本当はできる」という意味で，計算まちがいをミスと呼ぶ．

ここに，根本的な誤りがある．

これは，ケアレスミステイクなどといった問題ではない．大事な場面で正しい結果を出すことができない計算技能を，つまり野球の打率3割ならぬ正答率6～8割の計算技能をいかに向上させるか，という問題である．

そのために，必要なことは，第一に，認識を改めること．

やり直さないとできないのだから，「本当はできる」のではなく「本当はできない」ということ．この認識からすべてが始まる．

では，計算まちがいがなぜ起こるのか．

できるときもあるのに…，できるはずなのに…．何がダメなのか．

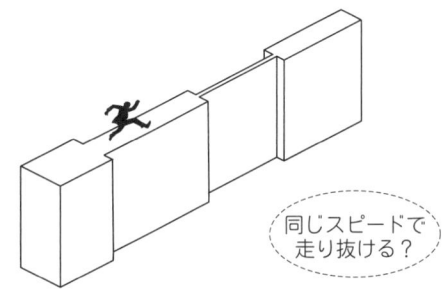

同じスピードで走り抜ける？

人間だからまちがえる．でも，少ない人間と多い人間がいる．計算ミス(=計算まちがい)をくり返す人間とそうでない人間との差は，何か．多くまちがえる人間は…，

▷数字をかきなぐる．
▷作業が雑である(整然としていない)．
▷見直すことができないように，書く．
▷正しく計算する限界のスピードを超えている．
▷危ない箇所でもスピードを緩めない．

すべて，逆にすればよい．

まちがえるという前提に立って，ていねいな計算を心掛け，スピードに緩急をつけて計算する．心配な場所は，そこで時間をかける．

ケアレスミスという言葉を封印すること．

［2］ 正負の数

分数で割るという計算は，誰もが知っているとおり逆数をかけるという操作をともなうのですが，その原理を知らなくても計算可能です．（マイナス）×（マイナス）の計算も同様で，計算に関しては，原理を理解することより，まずその計算をスムーズにできるようになること，つまり計算操作に慣れることです．

▷基本性質 1

2-1-1 正負の数 —— たす＆ひく ——

［構造1］　　$2+3=\ 5$　　$(+2+3=+5)$　　　　共通の符号
　　　　　　$-2-3=-5$　　$(-2-3=-5)$

　　　　　　$-2+3=\ 1$　　$(-2\overset{大}{+}3=+1)$　　　　大の符号
　　　　　　$2-3=-1$　　$(+2\overset{大}{-}3=-1)$

　　＋得点　）　　　　　　＋貯金　）
　　－失点　）または　　　－借金　）
　　　⇩　　　　　　　　　　⇩
　　得失点差　　　　　　　　残金
　　の式（と読む）　　　　　の式

　　　　　　　　　同符号 ┄┄┄ プラス　　（例1）　　　　　　　（例2）
［構造2］　　□$+(+3)\ \to\ $□$+3$　　$(+2)+(+3)=2+3$　　$(-2)+(+3)=-2+3$
　　　　　　□$-(-3)\ \to\ $□$+3$　　$(+2)-(-3)=2+3$　　$(-2)-(-3)=-2+3$
　　　　　　□$+(-3)\ \to\ $□$-3$　　$(+2)+(-3)=2-3$　　$(-2)+(-3)=-2-3$
　　　　　　□$-(+3)\ \to\ $□$-3$　　$(+2)-(+3)=2-3$　　$(-2)-(+3)=-2-3$
　　　　　　　　　異符号 ┄┄┄ マイナス

☞ **2-1-2** のかけ算の符号と同じ．

　　　同符号タイプ　$\begin{cases} +(+△) \to +△ \\ -(-△) \to +△ \end{cases}$
　　　　　　　　　　　　　　　　　　　　　　として，（　）をはずす．
　　　異符号タイプ　$\begin{cases} +(-△) \to -△ \\ -(+△) \to -△ \end{cases}$

［応用例］　①　$2-3+6-4+7=$?

　　　　　　　　$2\ -3\ +6\ -4\ +7 = 15-7 = 8$

　　　　　　　プラス　（得点）　$2+6+7=15$　　　$2, +6, +7$ …「正の項」
　　　　　　　　　　　　　　　　　　　　　　　　　　　　　　　　　　　　　という．
　　　　　　　マイナス（失点）　$3+4\ \ \ \ =7$　　　$-3, -4$ 　　…「負の項」

② $-4+(-3)-(-16)+(-12)-(+9)-(-8)$
　$=-4-3+16-12-9+8$
　$=24-28$
　$=-4$

Step 1：( )をはずす
Step 2：プラス（得点）
　　　　マイナス（失点）を計算
Step 3：プラス・マイナス
　　　　の差（得失点差）を計算

2-1-2　正負の数 ── かける＆わる ──

［構造1］　$(+2)\times(+3)=6$
　　　　　$(-2)\times(-3)=6$
　　　　　$(+2)\times(-3)=-6$
　　　　　$(-2)\times(+3)=-6$

［構造2］　$(+)\times(+) \to +$
　　　　　$(-)\times(-) \to +$
　　　　　$(+)\times(-) \to -$
　　　　　$(-)\times(+) \to -$

同符号 ──── プラス
異符号 ──── マイナス

☞「マイナス」×「マイナス」が「プラス」になるので，計算するときには特に注意をする．

☞「割り算」は＜逆数にしてかける＞ので，省略．

2-1-3　正負の数と累乗数

［構造］　○ $(-1)^2=(-1)\times(-1)=1$
　　　　　$(-1)^3=(-1)\times(-1)\times(-1)=-1$
　　　　　　⋮
　　　　　$(-1)^{偶数}=1$
　　　　　$(-1)^{奇数}=-1$

　　　　○ $\square\times(-2)^2=\square\times 4$ ← $(-2)^2=(-2)\times(-2)$ …「-2」の2乗
　　　　　$\square\times(-2^2)=\square\times(-4)$ ← $-2^2=-2\times 2$ …$-$「2の2乗」

（計算例）
① $(-2)^3\times 5-3\times(-2^2)=-8\times 5-3\times(-4)=-40+12=-28$
② $-2-(-2)^2\times(-2^2)+(-2)^3=-2-4\times(-4)+(-8)=-2+16-8=6$

2-1-4　「仮平均」という方法

A	B	C	D	E
66	73	65	80	76

（5人の得点）

▷普通の方法で平均点を求める
　$(66+73+65+80+76)\div 5=72$（点）

＜70を仮の平均とする＞

A	B	C	D	E
-4	$+3$	-5	$+10$	$+6$

▷「仮平均」という方法を使って平均点を求める
　$70+(-4+3-5+10+6)\div 5$
　$=70+10\div 5=72$（点）
　　　　└─基準値との差の平均

仮平均 70
↑
勝手に決めた基準値

［３］ 平方根

算数の世界では，πという無理数が例外的に，しかし3.14という身近な数として，有理数の世界に溶け込んでいました．中学数学の世界では，√ 記号のついた無理数が突然大量に出現します．そして，出会った当初はエイリアンの団体さんのような無理数も，またたく間に，有理数以上の身近な存在になっていきます．

▷**基本性質** 1

3-1-1 「平方根」という数

　［１］　平方根とは…

　　　　　〈$x^2=a$ となる x〉を「a の平方根」という．
　　　　　　 ‖
　　　　　2乗すると a になる数

　（例）　「4の平方根」は ―――
　　　　　　　　　⇩
　　　　2乗すると4になる数 … $\underbrace{2, -2}_{2つある}$ → これをまとめて ± 2 （と表す）

　　　　　$\begin{bmatrix} 2^2=4 \cdots 正の平方根=2 \\ (-2)^2=4 \cdots 負の平方根=-2 \end{bmatrix}$

　　　　では…
　　　　　「2の平方根」は？ ―――
　　　　　　　　　⇩
　　　　　2乗すると2になる数？

3-1-2 $\sqrt{}$（ルート）（という記号）**で表す新しい数**

　　　┌─ 正の数 a の平方根のうち（2つある）─┐
　　　│　正の平方根を　$\sqrt{a}$ 　　　　　　　　　　│
　　　│　　　　　　　　　　　　　 ｝まとめて $\pm\sqrt{a}$ （とする）
　　　│　負の平方根を　$-\sqrt{a}$ 　　　　　　　　　│
　　　└──────────────────┘

　（例）　「2の平方根」… $\pm\sqrt{2}$ （プラスマイナス ルート2 と読む）

　　　　　○3の平方根　… $\pm\sqrt{3}$
　　　　　○5の平方根　… $\pm\sqrt{5}$
　　　　　○4の平方根　… ± 2 ← $\pm\sqrt{4}$ としないで ± 2 とする．ただし
　　　　　　　　つまり $\pm\sqrt{4}=\pm 2$ ということ．

○9の平方根　　… ± 3
○16の平方根　 … ± 4
○0.25の平方根 … ± 0.5
○$\dfrac{25}{36}$の平方根　… $\pm\dfrac{5}{6}$
□0の平方根　　… 0 （だけ）
□負の数の平方根 … ない

つまり…

$\begin{cases} 正の数の平方根 \to 2個 \\ 0　　　の平方根 \to 1個 \\ 負の数の平方根 \to 0個（ナイ）\end{cases}$

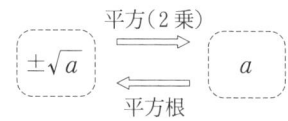

☞ 整数・小数・分数で表せないときに $\sqrt{}$ 記号（根号という）を使う．表せるときは，整数・小数・分数で表す．

3-1-3 平方根に関する注意事項

① 4の平方根は，±2 （$\pm\sqrt{4}$ としないで ±2 とする）

② $\sqrt{4}$ は，2 （±2ではない！）

 ↳ 4の平方根は――2つあり――
  $\sqrt{\ }$ 記号を使うと，$\pm\sqrt{4}$ となるが
  使わずに答えられるので，±2とする．
   その2つの平方根の
    正の方… $\sqrt{4}$ → 2
    負の方… $-\sqrt{4}$ → −2

③ $\sqrt{\ }$ の中は0以上 ← 中学数学では $\sqrt{\ }$ の中は0以上のみ．
    〈2乗して負になる数は扱わない〉

④ $\sqrt{\ }$ という数は0以上 （$\sqrt{\ } \geqq 0$）
 ↳ 符号がついていない… $+\sqrt{\ }$ と同じ

3-1-4 $(\sqrt{a})^2$ と $\sqrt{a^2}$

[1] $(\sqrt{a})^2$ とは…; $(-\sqrt{a})^2$ とは… （ただし，$a>0$）

 Step 1 $\sqrt{a}$ は「2乗すると a になる数のうちの+の方」
      $-\sqrt{a}$ も「2乗すると a になる数のうちの−の方」
     （だから）
 Step 2 $(\sqrt{a})^2$ → ホントに2乗すると → トーゼン $=a$ に ⎫
      $(-\sqrt{a})^2$ → ホントに2乗すると → トーゼン $=a$ に ⎬ なる

[2] $\sqrt{a^2}$ とは…

 (i) $a>0$ のとき，$\sqrt{a^2}=a$ ⟺ $\sqrt{\ ^2}$ がとれる
    $a<0$ のとき，$\sqrt{a^2}=-a$ ⟺ $\sqrt{\ ^2}$ をとって $=a$ とすることはできない．
    ‖ ‖
    + − （マイナス） （例）$\sqrt{(-5)^2}=\sqrt{5^2}=5$
       +
         ↳ $\sqrt{\ ^2}$ をとって $\sqrt{(-5)^2}=-5$ とすると
           + −
           の の
 (ii) $\sqrt{a^2}=|a|$ （とわかる）   数 数 となってしまう．

 ↳ という意味では…
  ∘ $\sqrt{(-5)^2}=5$
  ∘ $\sqrt{(-2009)^2}=2009$ などは
  Step 1 $\sqrt{\ ^2}$ をとる
  Step 2   符号をとる という操作となっている．

3-1-5 $\sqrt{\ }$ の大小

 ┌─────────────────┐
 │ $a>0$，$b>0$ のとき   │
 │ $a<b$ ならば $\sqrt{a}<\sqrt{b}$ │
 └─────────────────┘

（例） ∘ $\sqrt{2}$ と $\sqrt{3}$ は… → 2<3 より $\sqrt{2}<\sqrt{3}$
   ∘ $\sqrt{10}$ と 3 は… → 10>9 より $\sqrt{10}>\sqrt{9}$ ∴ $\sqrt{10}>3$
      ‖
      $\sqrt{9}$

Memo

I．ルートは英語で root [ruːt]

root
1. （複数形）草木の根
   伝統・習慣などの起源
2. （単数形）根本，根源
3. （数学）根（ルート）

↳ 山頂への新しいルート ⎫
 麻薬密売ルート   ⎬
 などのルートは
 route 道，道筋
 [ruːt]
 標識「Route 16」は
  国道16号線の意．

II．「4の平方根」は英語で
 the square roots of 4
  （2つあるから複数形♪）
 「$\sqrt{4}$」は英語で
 the square root of 4
  （単数形♪）

↳ $\sqrt{10}$ は…
 □ < $\sqrt{10}$ < □
 （整数） （整数）
 $\sqrt{9}$ < $\sqrt{10}$ < $\sqrt{16}$
 ‖   ‖
 3   4
 ∴ 3 < $\sqrt{10}$ < 4

▷ **基本性質** ②

3-2-1 √ の計算 基本その1 ── √ の中を小さくする ──

$a > 0$, $b > 0$ のとき
$$\sqrt{a^2 b} = a\sqrt{b}$$

$\sqrt{\boxed{\bigcirc}^2 \boxed{\Box}} = \bigcirc\sqrt{\Box}$
2乗がとれて外に出る

(例) ○ $\sqrt{12} = \sqrt{2^2 \times 3} = 2\sqrt{3}$
 ○ $\sqrt{18} = \sqrt{3^2 \times 2} = 3\sqrt{2}$
 ○ $\sqrt{32} = \sqrt{4^2 \times 2} = 4\sqrt{2}$ ← $\sqrt{\boxed{\bigcirc}^2 \boxed{\Box}}$ なるべく大きく

$a\sqrt{b} \leftarrow a \times \sqrt{b}$　$\sqrt{b}$ が a 個 ということ
$(3\sqrt{2} \leftarrow 3 \times \sqrt{2})$

○ $\sqrt{48}$ は…
 $48 = 6 \times 8$ でなく…
 $48 = 16 \times 3$ とみなして
 $\sqrt{48} = \sqrt{4^2 \times 3} = 4\sqrt{3}$

○ $\sqrt{180}$ は…
〈素因数分解して〉
 $180 = 2^2 \times 3^2 \times 5$

```
2)180
2) 90
3) 45
3) 15
   5
```

より
$6^2 \times 5$ とみなして
$\sqrt{180} = \sqrt{6^2 \times 5} = 6\sqrt{5}$

3-2-2 √ の計算 基本その2 ── かける&割る ──

(以下, $a > 0$, $b > 0$, $c > 0$, $d > 0$ とする)

$$\sqrt{a} \times \sqrt{b} = \sqrt{ab}$$
$$\frac{\sqrt{a}}{\sqrt{b}} = \sqrt{\frac{a}{b}} \quad \left(\sqrt{a} \div \sqrt{b} = \sqrt{\frac{a}{b}}\right)$$
$$a\sqrt{b} \times c\sqrt{d} = ac\sqrt{bd}$$
$$\frac{a\sqrt{b}}{c\sqrt{d}} = \frac{a}{c}\sqrt{\frac{b}{d}} \quad \left(a\sqrt{b} \div c\sqrt{d} = \frac{a}{c}\sqrt{\frac{b}{d}}\right)$$

(例) ○ $\sqrt{3} \times \sqrt{2} = \sqrt{6}$

 ○ $\sqrt{5} \times \sqrt{10} = \sqrt{50} = \sqrt{5^2 \times 2} = 5\sqrt{2}$ (とするか)
 　$\sqrt{5} \times \sqrt{10} = \sqrt{5} \times \sqrt{5} \times \sqrt{2} = 5\sqrt{2}$ (とする)
 　　　　　　　　　　＝5

 ○ $\sqrt{12} \times \sqrt{18} = 2\sqrt{3} \times 3\sqrt{2} = 6\sqrt{6}$ ← $\sqrt{12} \times \sqrt{18}$ を $\sqrt{216} = \cdots$ としないで.

 √ の中を簡単にしながら計算

```
  12
× 18
 ───
  96
 12
 ───
 216
```

$\dfrac{\sqrt{a}}{\sqrt{b}}$ は…

$a \div b = $ 整数 のとき $\sqrt{\dfrac{a}{b}}(=$整数$)$ とする

$a \div b \neq $ 整数 のとき
$$\frac{\sqrt{a} \times \sqrt{b}}{\sqrt{b} \times \sqrt{b}} = \frac{\sqrt{ab}}{b}$$ とする
同じものを分母にかけ
それと同じものを分子にかける

この操作を
分母の有理化 という.

 ○ $\sqrt{6} \div \sqrt{3} = \sqrt{2}$

 ○ $\sqrt{2} \div \sqrt{6} = \sqrt{\dfrac{2}{6}}$　$\sqrt{2} \div \sqrt{6} = \dfrac{\sqrt{2} \times \sqrt{6}}{\sqrt{6} \times \sqrt{6}}$　$\sqrt{2} \div \sqrt{6} = \dfrac{\sqrt{2}}{\sqrt{2} \times \sqrt{3}}$
 　　　　$= \sqrt{\dfrac{1}{3}}$ 　　　　　$= \dfrac{2\sqrt{3}}{6}$ 　　　　　$= \dfrac{1 \times \sqrt{3}}{\sqrt{3} \times \sqrt{3}}$
 　　　　$= \dfrac{1 \times \sqrt{3}}{\sqrt{3} \times \sqrt{3}}$ 　　　$= \dfrac{\sqrt{3}}{3}$ 　　　　　$= \dfrac{\sqrt{3}}{3}$
 　　　　$= \dfrac{\sqrt{3}}{3}$

$\dfrac{1}{\sqrt{3}}$ と なるので…
分母の有理化

☞ 分母に √ のついた数が残る場合, 分母の √ をとる(分母を有理化する).
　Step 1 それと同じ数を分母にかけ, Step 2 かけた数と同じ数を分子にかける.

3-2-3 √ の計算 基本その3 ── たす&ひく ──

$$m\sqrt{a} + n\sqrt{a} = (m+n)\sqrt{a}$$
$$m\sqrt{a} - n\sqrt{a} = (m-n)\sqrt{a}$$

タイプ1) √ の中が同じ場合

○ $3\sqrt{2} + 4\sqrt{2} = 7\sqrt{2}$ ← $3x + 4x = 7x$ と同じこと

○ $\sqrt{3} - 5\sqrt{3} = -4\sqrt{3}$ ← $y - 5y = -4y$ と同じこと

○ $\dfrac{\sqrt{2}}{4} - \dfrac{\sqrt{2}}{3} = \dfrac{3\sqrt{2} - 4\sqrt{2}}{12} = -\dfrac{\sqrt{2}}{12}$

タイプ2) √ の中が違う場合

▷ 同じになるケース

○ $\sqrt{18} + \sqrt{50} = 3\sqrt{2} + 5\sqrt{2} = 8\sqrt{2}$

○ $\sqrt{27} - 3\sqrt{12} = 3\sqrt{3} - 3 \times 2\sqrt{3} = 3\sqrt{3} - 6\sqrt{3} = -3\sqrt{3}$

○ $\dfrac{1}{\sqrt{3}} - \dfrac{1}{\sqrt{2}} = \dfrac{1 \times \sqrt{3}}{\sqrt{3} \times \sqrt{3}} - \dfrac{1 \times \sqrt{2}}{\sqrt{2} \times \sqrt{2}}$ $\Big|$ $\dfrac{1}{\sqrt{3}} - \dfrac{1}{\sqrt{2}} = \dfrac{\sqrt{2} - \sqrt{3}}{\sqrt{6}}$

$= \dfrac{\sqrt{3}}{3} - \dfrac{\sqrt{2}}{2} = \dfrac{2\sqrt{3} - 3\sqrt{2}}{6}$ $\Big|$ $= \dfrac{(\sqrt{2} - \sqrt{3}) \times \sqrt{6}}{\sqrt{6} \times \sqrt{6}} = \dfrac{2\sqrt{3} - 3\sqrt{2}}{6}$

▷ 同じにならないケース ○ $\left.\begin{array}{l}\sqrt{2} + \sqrt{3} \\ 1 - \sqrt{2}\end{array}\right\}$ これ以上計算できない
（同じでない）

3-3-1 √ (がついた数を) … 日本では **無理数** という

□ 分数で表すことができる数 … 有理数 $\left[-2,\ 0.6,\ \dfrac{5}{3}\ \text{など}\right]$

□ 分数で表すことができない数 … 無理数 $[\pi,\ \sqrt{2},\ -\sqrt{5}\ \text{など}]$

☞ 小数は，次のように分類できる．

$\begin{cases}\text{有限小数} \\ \text{無限小数}\begin{cases}\text{循環するもの}^{\#} \\ \text{循環しないもの} \end{cases}\end{cases}$ …有理数
　　　　　　　　　　　　　……無理数

（#…循環小数 という）

3-3-2 √ (無理数) が加わった**新たな〈数の分類〉**

数※ $\begin{cases}\text{有理数}\begin{cases}\text{整数} \\ \text{分数}\end{cases}\cdots\text{分数(=整数の比)で表すことができる} \\ \text{無理数}\ \ \ \ \ \ \ \ \ \cdots\text{分数(=整数の比)で表すことができない}\end{cases}$

☞ 高校数学で新たに登場する「虚数」に対して，上記の
数※を「実数」という．つまり…

実数 $\begin{cases}\text{有理数} \\ \text{無理数}\end{cases}$ ということになる．

Memo
Ⅲ. 英語で
　有理数　rational number
　無理数　irrational number
　　　　　=
　　　　　not

$\begin{cases}\text{regular} \\ \text{irregular}\end{cases}$ と同じ
　　=
　　not

○al … 形容詞をつくる語尾
　nation → national
　　　　　（と同じ）

○ratio 比，比率
　[reiʃou]
　rational 合理的な
　　　　　理性的な
　　　　　理にかなった
　　　　　比で表された ←
　　　　　コレが本来の意

▷ **基本性質** ③

3-4-1 √ (がついた数) … 循環しない無限小数

(例) $\sqrt{2} = 1.41421356\cdots$ （一夜一夜に人見頃）

$\sqrt{3} = 1.7320508\cdots$ （人なみにおごれや）

$\sqrt{5} = 2.2360679\cdots$ （富士山ろくオーム鳴く）

⋮

$\sqrt{} = \square.\overline{}\cdots$ 〈無限に続く〉

▻ 正確な値に近いこれらの値を「近似値」という．左の覚え方は，近似値の語呂あわせ．

▻ √ キーのついた 8 ケタ表示の電卓では，2 √ と順に押すと，1.4142135 という近似値が表示される．

3-4-2 √ (がついた数) の「整数部分」と「小数部分」

(例) $\sqrt{2} = 1.414\cdots = 1 + 0.414\cdots$

$\sqrt{3} = 1.732\cdots = 1 + 0.732\cdots$

$\sqrt{5} = 2.236\cdots = 2 + 0.236\cdots$

　　　　　　　　　　整数部分　　小数部分
　　　　　　　　　　　　　　　　　└無限に続く数

であるから…

上の3つの数の小数部分は ──正確には──

$\sqrt{2} \to \sqrt{2} - 1$

$\sqrt{3} \to \sqrt{3} - 1$

$\sqrt{5} \to \sqrt{5} - 2$

▻ 「$\sqrt{2}$ の小数部分は 0.414…」とするのは，正確ではないということ．

では，近似値を知らない $\sqrt{10}$ の小数部分は？

[考え方]

$\underset{\text{ある整数}}{\square} \sqrt{10} \underset{\text{次の整数}}{\square} \Rightarrow \underset{\substack{\parallel \\ (\text{ある整数}) \\ 3}}{\sqrt{\#}} < \sqrt{10} < \underset{\substack{\parallel \\ (\text{次の整数}) \\ 4}}{\sqrt{※}}$

\# 9 （10 より小さい平方数）

※ 16 （10 より大きい平方数）

つまり，$3 < \sqrt{10} < 4$ より

$\sqrt{10} = 3.\cdots$

$\phantom{\sqrt{10}} = \underset{\text{整数部分}}{3} + \underset{\text{小数部分}}{0.\cdots}$ ∴ $\sqrt{10}$ の小数部分 $= \sqrt{10} - 3$

▫ 次の数の小数部分は？

○ $2\sqrt{7}$

$2\sqrt{7} = \sqrt{2^2 \times 7} = \sqrt{28}$　$5 < \sqrt{28} < 6$ より，$\sqrt{28} = 5.\cdots$

∴ $2\sqrt{7}$ の小数部分 $= \sqrt{28} - 5 = 2\sqrt{7} - 5$

▻ $\sqrt{7}$ の小数部分が $\sqrt{7} - 2$ であることから，$2\sqrt{7}$ の小数部分は $2(\sqrt{7} - 2)$ とするのは誤り．$\sqrt{7} - 2 = 0.645\cdots$ なので，2 倍した 1.291… を小数部分とすることはできない．

○ $6 - \sqrt{15}$　$3 < \sqrt{15} < 4$ より，$\sqrt{15} = 3.\cdots$

$6 - \sqrt{15} = 6 - 3.\cdots = 2.\cdots$

∴ $6 - \sqrt{15}$ の小数部分 $= 6 - \sqrt{15} - 2$

$\phantom{∴ 6 - \sqrt{15} \text{ の小数部分}} = 4 - \sqrt{15}$

$\begin{array}{r} 6 \\ -3.\cdots \\ \hline 2.\cdots \end{array}$

16

$$\boxed{\begin{array}{l}\sqrt{x} \text{ の整数部分・小数部分}\\ \Rightarrow \quad n<\sqrt{x}<n+1 \text{ のとき}\\ \quad \circ \text{整数部分}=n\\ \quad \circ \text{小数部分}=\sqrt{x}-n\end{array}} \quad \boxed{\begin{array}{l}a\sqrt{b} \text{ の整数部分・小数部分}\\ \Rightarrow \quad n<\sqrt{a^2 b}<n+1 \text{ のとき}\\ \quad \circ \text{整数部分}=n\\ \quad \circ \text{小数部分}=a\sqrt{b}-n\end{array}}$$

☞ というわけで，小数部分の値は整数部分の値がわかるかどうかにかかっています．
　たとえば，$\sqrt{2009}, \sqrt{2010}, \sqrt{2011}, \cdots, \sqrt{2024}$ の小数部分は…
　　$44^2=1936, 45^2=2025$ より，整数部分は，みな 44
　∴ 小数部分は，それぞれ
　　$\sqrt{2009}-44, \sqrt{2010}-44, \sqrt{2011}-44, \cdots, \sqrt{2024}-44$ (です)

▷ **基本性質 4**

3-5-1　循環小数 というもの

無限小数のうち ある数字の列が **くり返し限りなく続く** 小数

（例）　$\dfrac{1}{3}=0.3333\cdots$　（3 がくり返される）

　　　$\dfrac{22}{7}=3.142857142857\cdots$　（142857 がくり返される）

$0.3333\cdots$ を，$0.\dot{3}$　　←・のくり返し
$3.142857142857\cdots$ を，$3.\dot{1}4285\dot{7}$　←・から・までのくり返し
（とかく）

3-5-2　循環小数を分数で表す

（例1）　$0.\dot{1}\dot{2}=$?
　　$0.1212\cdots=x$ とおく　⇒　$\begin{array}{r}100x=12.1212\cdots\\ -x=0.1212\cdots\\ \hline 99x=12\end{array}$
　　　　　　　　　　　　　　　　　　　　（消える）

　　∴ $x=\dfrac{12}{99}=\dfrac{4}{33}$

☞ 同じ無限小数でも $\pi, \sqrt{2}$ などの無理数は循環しない．（**3-3-1**）

（例2）　$1.2\dot{3}=$?
　　$1.23333\cdots=x$ とおく　⇒　$\begin{array}{r}100x=123.333\cdots\\ -10x=12.333\cdots\\ \hline 90x=111\end{array}$

　　∴ $x=\dfrac{111}{90}=\dfrac{37}{30}$

☞ 循環小数 $0.\dot{9}$ を同じように分数で表そうとすると，「$0.\dot{9}=1$」となります．これは，表現を変えると，「$0.9999999\cdots=1$」ということになり，正しくないのでは？と心配になる人もいるかもしれませんが，大丈夫です．9 が無限に続くと 1 に近づくという意味なのです．上の 2 つの例も，同じです．詳しくは，「無限」について学ぶ高校数学で．

```
        3.142857…
     ７)22
        21
       ─────
        10
         7
       ─────
        30
        28
       ─────
         20
         14
       ─────
          60
          56
       ─────
           40
           35
       ─────
            50
            49
       ─────
→ここから    10
同じ
```

▶応用テーマ ❶

3-1-1 $\sqrt{2}$ が無理数であることの証明

Step 1) $\sqrt{2}$ が無理数ではないと仮定する．
　　　　　　　‖
　　　　　　有理数である

Step 2) $\sqrt{2} = \dfrac{n}{m}$ $\left(\dfrac{n}{m}\text{は既約分数}\right)$ とする．………①

Step 3) ①の両辺を2乗する．
$$2 = \dfrac{n^2}{m^2} \cdots\cdots ②$$

Step 4) ②の左辺 … 2（整数）

②の右辺 … $\dfrac{n^2}{m^2} = \left(\dfrac{n}{m}\right)^2$ …… 既約分数^2
　　　　　　　　　　　　　　　（同じ既約分数の積）

既約分数の2乗が整数になることはないので，②の式は矛盾する．

Step 5) この矛盾は，仮定①から生じた．すなわち仮定①は正しくはない．

∴ $\sqrt{2}$ は有理数ではない，すなわち
$\sqrt{2}$ は無理数である．（証明終わり）

☞ 既約分数の積といっても，異なる既約分数の積の場合は整数になることがあります．しかし，一つの既約分数の積（2乗）は整数にはなりません．

（例）$\dfrac{9}{4} \times \dfrac{16}{3} = 12$
　　　　ともに既約分数

（例）$\dfrac{3}{2} \times \dfrac{3}{2}$

3-1-2 このような証明法…

　□ は…である※（ことを示す）
　Step 1　□ は…でないと仮定する
　Step 2　この仮定から矛盾を導く
　Step 3　仮定が誤りをあることを示す
　Step 4　□ は…である（と結論する）

これを 背理法 という

〈※が誤り〉
とする
↓
矛盾が
生じる
↓
〈※は
正しい〉
とする

☞ ＜仮定から結論を導く＞ような普通の証明方法を「直接証明」というのに対し，＜結論を否定して矛盾を導くことによって命題（＝証明すべきことがら）が真（＝正しい）であることを証明する＞ような証明方法を，「間接証明」といいます．

◀「有理数」＝分数で表すことができる数（**3-3-1**）．

◀「既約分数」＝これ以上約分できない分数（＜既に約分し終えた＞分数ということ）．
既約分数でない分数の例
・$\dfrac{4}{6} \rightarrow \dfrac{2}{3}$（とする）
・$\dfrac{12}{4} \rightarrow 3$（とする）

┌── 既約分数 $\dfrac{n}{m}$ とは ──┐

m, n は互いに素
　　　（である自然数）

〈互いに素〉
○1以外に共通の約数をもたない
○最大公約数＝1

└──────────────┘

◀もう少していねいに説明するには…．

$\sqrt{2} = \dfrac{n}{m}$（m, n は互いに素※）

これより，$2m^2 = n^2$ ……①
①の左辺は偶数だから，$n \ne$奇数，つまり，$n =$偶数 とわかる．
$n = 2k$ とすると，①より
$$m^2 = 2k^2 \cdots\cdots ②$$
②より，同じ理由から$m =$偶数 とわかる．
$\left.\begin{array}{l}n=偶数\\m=偶数\end{array}\right\}$ は，仮定※に反する．
（と，やはり矛盾を示します．）

▶基本性質 5

3-6 （ ）つきの $\sqrt{}$ の計算

［Ⅰ］ 基本形

$(\sqrt{a}+\sqrt{b})^2 = a+2\sqrt{ab}+b$
$\qquad = a+b+2\sqrt{ab}$
$(\sqrt{a}-\sqrt{b})^2 = a-2\sqrt{ab}+b$
$\qquad = a+b-2\sqrt{ab}$
$(\sqrt{a}+\sqrt{b})(\sqrt{a}-\sqrt{b}) = a-b$

（例）
$(\sqrt{3}+\sqrt{2})^2 = 3+2\sqrt{6}+2 = 5+2\sqrt{6}$
$(2+\sqrt{3})^2 = 4+4\sqrt{3}+3 = 7+4\sqrt{3}$
$(\sqrt{5}-\sqrt{3})^2 = 5-2\sqrt{15}+3 = 8-2\sqrt{15}$
$(3-\sqrt{2})^2 = 9-6\sqrt{2}+2 = 11-6\sqrt{2}$
$(\sqrt{3}+\sqrt{2})(\sqrt{3}-\sqrt{2}) = 3-2 = 1$
$(2+\sqrt{3})(2-\sqrt{3}) = 4-3 = 1$

［Ⅱ］ 応用形

（例1） $(\sqrt{3}+\sqrt{2}+1)^2$
$= \{(\sqrt{3}+\sqrt{2})+1\}^2$
$= (\sqrt{3}+\sqrt{2})^2 + 2(\sqrt{3}+\sqrt{2}) + 1$
$= 3+2\sqrt{6}+2+2\sqrt{3}+2\sqrt{2}+1$
$= 6+2\sqrt{6}+2\sqrt{3}+2\sqrt{2}$

（例2） $(\sqrt{3}-\sqrt{2}+1)(\sqrt{3}+\sqrt{2}-1)$
$= \{\sqrt{3}-(\sqrt{2}-1)\}\{\sqrt{3}+(\sqrt{2}-1)\}$
$= 3-(\sqrt{2}-1)^2$
$= 3-(2-2\sqrt{2}+1)$
$= 3-3+2\sqrt{2} = 2\sqrt{2}$

☞ 計算ミスが心配であれば，2行目以降で，
（例1） $\sqrt{3}+\sqrt{2}=a$ 　（例2） $\sqrt{2}-1=a$
と「おきかえ」る手順を踏めばよいでしょう．

▶応用テーマ 2

3-2-1 $\dfrac{1}{\sqrt{a}+\sqrt{b}}$ タイプの分母の有理化

$\dfrac{1}{\sqrt{a}+\sqrt{b}} = \dfrac{1}{\sqrt{a}+\sqrt{b}} \times \dfrac{\sqrt{a}-\sqrt{b}}{(\sqrt{a}-\sqrt{b})} = \dfrac{\sqrt{a}-\sqrt{b}}{a-b}$

反対の符号にして

（例） $\dfrac{\sqrt{3}+\sqrt{2}}{\sqrt{3}-\sqrt{2}} = \dfrac{(\sqrt{3}+\sqrt{2})}{(\sqrt{3}-\sqrt{2})} \times \dfrac{(\sqrt{3}+\sqrt{2})}{(\sqrt{3}+\sqrt{2})}$
$= \dfrac{(\sqrt{3}+\sqrt{2})^2}{3-2} = 5+2\sqrt{6}$

3-2-2 2重根号をはずす（…$\sqrt{}$ の中に $\sqrt{}$ があるタイプ）

$a>0, b>0$ のとき
$\sqrt{(a+b)+2\sqrt{ab}} = \sqrt{a}+\sqrt{b}$

$a>0, b>0, a>b$ のとき
$\sqrt{(a+b)-2\sqrt{ab}} = \sqrt{a}-\sqrt{b}$

（例1） $\sqrt{5+2\sqrt{6}} = \sqrt{3}+\sqrt{2}$ 　（$5=3+2, 6=3\times 2$ より）

（例2） $\sqrt{9-4\sqrt{5}} = \sqrt{9-2\sqrt{20}}$
$= \sqrt{5}-\sqrt{4}$ 　　　（$9=5+4, 20=5\times 4$ より）
$= \sqrt{5}-2$

← $\sqrt{m+2\sqrt{n}} = \sqrt{a}+\sqrt{b}$ とすれば，両辺を2乗して
$m+2\sqrt{n} = (a+b)+2\sqrt{ab}$

$\sqrt{m+2\sqrt{n}}$ は
和が m （$m=a+b$）
積が n （$n=ab$）　　である
2(有理)数 a, b があるとき(のみ)
$\sqrt{\sqrt{}}$ がとれる．

19

［4］整数

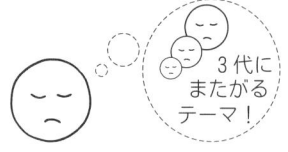
3代に
またがる
テーマ！

整数問題というのは，中学受験，高校受験，大学受験の３代通じて取り上げられる珍しいテーマです．どこかで徹底して学ぶわけではなく，なんとなく理解しているが本当のところを知っているわけではないということに直面します．一つ一つのテーマを掘り下げて重要性質を確認していくような学習が必要です．

◆ 約数・倍数

▷基本性質 [1]

4-1-1　約数を書き出す

▷約数・倍数については正の整数のみについて扱います．

▷普通に書き出す

（例1）「12」→ 1, 2, 3, 4, 6, 12
（例2）「48」→ 1, 2, 3, 4, 6, 8, 12, 16, 24, 48

▷2個ずつ（ペアも同時に）書き出す

（例1）「48」→　1　　2　　3　　4　　6
　　　　　　　48　24　16　12　8

（例2）「64」→　1　　2　　4
　　　　　　　64　32　16　　8

└─ 8は中段に1個書く．

▷1と48を1で割った商48を
　 2と　　 2　　　　　　24
　 3と　　 3　　　　　　16
　　　　　　:
（と，相棒を同時に書き出す）

▷小さい整数の場合は普通の方法でもまったく問題ないが，大きい整数の場合，後半部分の大きい約数を新にさがす必要がでてくる．はじめから商を書き出す方法を用いれば，新たにさがす必要はない．

イメージ

小　――――――→　大　でなく

小　
　　⤵
大　　　ということ．

4-1-2　約数の個数①

▷書き出して数える

（例）「72」→　1　　2　　3　　4　　6　　8
　　　　　　　72　36　24　18　12　9　　∴ 12個

▷素因数分解を利用する

（例1）「72」→ $72 = 2^3 \times 3^2$
　　$(3+1) \times (2+1) = 4 \times 3 = 12$（個）
　　　　↑　　　　↑
　　　　$2^{③}$　　$3^{②}$

（例2）「180」→ $180 = 2^2 \times 3^2 \times 5$
　　$(2+1) \times (2+1) \times (1+1) = 18$（個）
　　　　↑　　　　↑　　　　↑
　　　　$2^{②}$　　$3^{②}$　　$5^{①}$
　　　　　　　　　　　　　（5）

▷上の12個は，

　　1　　2^1　　3^1　　2^2　　$2^1 \times 3^1$　　2^3
　　$2^3 \times 3^2$　$2^2 \times 3^2$　$2^3 \times 3^1$　$2^1 \times 3^2$　$2^2 \times 3^1$　3^2

いて，この12個は次の12通りの掛け算の結果である．

　　　　　　1
　　　　　2^1　　　　1
2^3の3個 $\begin{cases} 2^2 \\ 2^3 \end{cases}$　$\begin{cases} 3^1 \\ 3^2 \end{cases}$ 3^2の2個

　　　　（4通り）（3通り）

$4 \times 3 = 12$（通り）ということ．

▷公式：約数の個数

自然数 N が $x^a \times y^b \times \cdots\cdots \times z^k$ と素因数分解されるとき

- - N の約数の個数は -
  $(a+1) \times (b+1) \times \cdots\cdots \times (k+1)$　となる．
- -

4-1-3　約数の個数②

約数の個数が…

1個である数	⇨	1(のみ)
2個である数	⇨	素数　2, 3, 5, 7, 11, 13, …
3個である数	⇨	素数^2　4, 9, 25, 49, 121, 169, …
奇数個である数	⇨	平方数　1, 4, 9, 16, 25, 36, 49, 64, …

素数 とは…

定義その1：〈1とその数自身以外に約数をもたない数〉

定義その2：〈約数が2個である数〉

☞注意Ⅰ：1は「素数」ではない．
　　Ⅱ：約数が3個以上の数（＝自然数）を「合成数」という．

〈1でも素数でもない整数〉
　＝
　合成数

その合成数を
　素数のみのかけ算の形にする
　＝
　これを素因数分解という

4-1-4　約数の総和

（例）　72 の約数をすべて加えると ＿＿＿．

▷書き出して加える（たし算をする）

$$72 \begin{Bmatrix} 1 & 2 & 3 & 4 & 6 & 8 \\ 72 & 36 & 24 & 18 & 12 & 9 \end{Bmatrix}$$ この12個をとにかくたして…，答え 195

▷素因数分解を利用して計算する

Step 1　$72 = 2^3 \times 3^2$

Step 2　$(3+1) \times (2+1) = 12$（個）の約数は——**4-1-2** のとおり——

$$\begin{Bmatrix} 1 \\ 2^1 \\ 2^2 \\ 2^3 \end{Bmatrix} \begin{Bmatrix} 1 \\ 3^1 \\ 3^2 \end{Bmatrix}$$ この12回のかけ算（積）の合計

$1 \times 1 + 1 \times 3^1 + 1 \times 3^2 + 2^1 \times 1 + 2^1 \times 3^1 + \cdots + 2^3 \times 3^1 + 2^3 \times 3^2 \cdots$

を求めることになるので

Step 3　※これを横の式にして…　$(1 + 2^1 + 2^2 + 3^3) \times (1 + 3^1 + 3^2)$

とすることができる

Step 4　（　）内を先に計算して…

$\underbrace{(1 + 2^1 + 2^2 + 2^3)}_{15} \times \underbrace{(1 + 3^1 + 3^2)}_{13} = 15 \times 13 = 195$

$(1 + 2^1 + 2^2 + 2^3) \times (1 + 3^1 + 3^2)$　についても 1と同じようにかける

▷公式：約数の総和

自然数 N が $x^a \times y^b \times \cdots\cdots \times z^k$ と素因数分解されるとき

- - N の約数の総和は -
  $(1 + x + x^2 + \cdots + x^a) \times (1 + y + y^2 + \cdots + y^b) \times \cdots\cdots \times (1 + z + z^2 + \cdots + z^k)$
- -

（例）　$N = 2^3 \times 3^2 \times 5$ の約数の総和は，$(1 + 2^1 + 2^2 + 2^3) \times (1 + 3^1 + 3^2) \times (1 + 5) = 1170$

▷基本性質 2

4-2-1 倍数の見分け方 —— 基本 ——

タイプI　　2の倍数　⇨　下1けたが2の倍数（0を含む）

　　　　　　4の倍数　⇨　下2けたが4の倍数（00を含む）

　　　　　　8の倍数　⇨　下3けたが8の倍数（000を含む）

タイプII　　3の倍数　⇨　各位の数の和が3の倍数

　　　　　　9の倍数　⇨　各位の数の和が9の倍数 ……………………※

※の証明① —— 4けたで ——

Step 1　$N = \boxed{a}\boxed{b}\boxed{c}\boxed{d}$ （千 百 十 一）とする

Step 2　$N = \underline{1000}a + \underline{100}b + \underline{10}c + d$

　　　　　$= \underline{999}a + a + \underline{99}b + b + \underline{9}c + c + d$

　　　　　$= (999a + 99b + 9c) + a + b + c + d$

　　　　　$= \underline{9(111a + 11b + 1c)} + \underline{a + b + c + d}$

Step 3　　　　　　　　　↑　　　　　　　　　↑
　　　　　　　　　　9の倍数　　　　　　　9の倍数
　　　　　　　　　　である　　　　　　　であればよい（と論じる）

※の証明② —— nけたで ——

$N = a \times 10^{n-1} + b \times 10^{n-2} + c \times 10^{n-3} + \cdots + k \times 1$

　$= \underbrace{99\cdots\cdots 9}_{(n-1)個}a + a + \underbrace{99\cdots\cdots 9}_{(n-2)個}b + b + \cdots$　　　　（以下略）

4-2-2 倍数の見分け方 —— 応用 ——

タイプIII　11の倍数　⇨　$\left.\begin{array}{l}\text{下から奇数番目の数の和を }p\\ \text{下から偶数番目の数の和を }q\end{array}\right\}$とするとき

　　　　　　　　　　　$|p-q|$（pとqの差）が11の倍数 ……………………※

（例）　$845163^{\sharp}$　→　$(8+5+6) - (4+1+3) = 19 - 8 = 11$　∴　11の倍数

　　　　　　　奇　8
　　　　　　　8 4 5 1 6 3
　　　　　　　偶　19

※の証明

Step 1（準備①）　$10^1 = 10 = 11 \times 1 - 1$　→　（11の倍数）$-1 = 11a - 1$

　　　　　　　　　$10^2 = 100 = 11 \times 9 + 1$　→　（11の倍数）$+1 = 11b + 1$

　　　　　　　　　$10^3 = 1000 = 11 \times 91 - 1$　→　（11の倍数）$-1 = 11c - 1$

　　　　　　　　　$10^4 = 10000 = 11 \times 909 + 1$　→　（11の倍数）$+1 = 11d + 1$

　　　　　　　　　$10^5 = 100000 = 11 \times 9091 - 1$　→　（11の倍数）$-1 = 11e - 1$

　　　　　　　　　　　　　　　　⋮　　　　　　　　　　　　　　　⋮　　　となっている．

Step 2（準備②）　$\sharp = 8 \times 10^5 + 4 \times 10^4 + 5 \times 10^3 + 1 \times 10^2 + 6 \times 10^1 + 3$

　　　　　　　　　　$= 8 \times (11e - 1) + 4 \times (11d + 1) + 5 \times (11c - 1) + 1 \times (11b + 1)$
　　　　　　　　　　　　　　　　　　　　　　　$+ 6 \times (11a - 1) + 3$

　　　　　　　　　　$= \underline{11(8e + 4d + 5c + b + 6a)} - \underline{\{(8 + 5 + 6) - (4 + 1 + 3)\}}$
　　　　　　　　　　　　　　　11の倍数　　　　　　　　　　　11の倍数

Step 3 $10^{偶}=(11 の倍数)+1$ （の確認）

$10^{偶}-1=\underbrace{1000\cdots\cdots00}_{偶}-1=\underbrace{999\cdots\cdots99}_{偶}$ → （11 の倍数）

∴ $10^{偶}=(11 の倍数)+1$

$\begin{cases} 偶 & 99|99|9\cdots9|99 \to 余り0 \\ 奇 & 99|99|9\cdots99|9 \to 余り9 \end{cases}$

$10^{奇}=(11 の倍数)-1$ （の確認）

$10^{奇}+1=(10^{奇}-1)+2=(\underbrace{1000\cdots00}_{奇}-1)+2$

$=\underbrace{999\cdots99}_{奇}+2$ → （11 で割ると 9 余る数）+2
　　　　　　　　　　→ （11 の倍数）

∴ $10^{奇}=(11 の倍数)-1$

Step 4 $N=\boxed{a}\boxed{p}\boxed{b}\boxed{q}\cdots\boxed{c}\boxed{r}$ ☞ 4 けたのとき

下から偶数けたの数の和 $a+b+\cdots+c$
下から奇数けたの数の和 $p+q+\cdots+r$ $\Big\}$ とすると

$\overset{千百十一}{\boxed{a}\boxed{p}\boxed{b}\boxed{q}}=\begin{array}{l}a\times10^3\\+p\times10^2\\+b\times10^1\\+q\times1\end{array}$

$N=a\times10^{奇}+p\times10^{偶}+b\times10^{奇}+q\times10^{偶}+\cdots+c\times10^{奇}+r\times10^{偶}$

$=a\times(11 の倍数-1)+b\times(11 の倍数-1)+\cdots+c\times(11 の倍数-1)$
$+p\times(11 の倍数+1)+q\times(11 の倍数+1)+\cdots+r\times(11 の倍数+1)$

$=(a+b+\cdots+c+p+q+\cdots+r)\times(11 の倍数)$
$\underline{-\{(a+b+\cdots+c)-(p+q+\cdots+r)\}}$
　　　　　└── 11 の倍数であればよい（ということ）

$=\begin{array}{l}a\times10^{奇}\\+p\times10^{偶}\\+b\times10^{奇}\\+q\times10^{偶}\end{array}\Bigg\uparrow$

$10^0=1$

☞ 「11 の倍数」の判定法については，みなさんは高校数学で〈合同式〉を学習するときに一段階レベルの高いところから整理することになります．

タイプⅣ 99 の倍数 ⇨ 方法①：知識を利用する
　　　　　　　　　　　〈9 の倍数〉かつ〈11 の倍数〉というアプローチ
　　　　　　　　方法②：自力で解決する
　　　　　　　　　　　〈2 けたずつのセットで〉

（例） $43A521$ が 99 の倍数であるときの $A=\square$ ．

$43|A5|21=43\times10000+A5\times100+21$

$=43\times(9999+1)+A5\times(99+1)+21$

$=\underbrace{43\times9999}_{（99 の倍数）}+\underbrace{A5\times99}_{}+43+A5+21$
　　　　　　　　　　　　└── 99 の倍数にする

$\begin{array}{r}43\\A5\\+21\\\hline 99\end{array}$
より
$A=3$

999 の倍数 ⇨ 方法①？：知識がない── 37 の倍数？（$999=3^3\times37$）
　　　　　　方法②：自力で解決する
　　　　　　　　　　〈3 けたずつのセットで〉

（例） $4A619537B$ が 999 の倍数であるときの $A=\square$，$B=\square$．

$4A6|195|37B=4A6\times1000000+195\times1000+37B$

$=4A6\times(999999+1)+195\times(999+1)+37B$

$=4A6\times999999+195\times999+4A6+195+37B$

$\begin{array}{r}4A6\\195\\+37B\\\hline 999\end{array}$
より
$A=2,\ B=8$

❖ 素数

4-3　100以下の素数

1ケタ　2, 3, 5, 7

2ケタ　11, 13, 17, 19, 23, 29, 31, 37, 41, 43, 47, 53, 59, 61, 67, 71, 73, 79, 83, 89, 97

計　25個

▷素数の判定――素因数分解　　　　素数みたいだが…

（例1）　2ケタの「要注意合成数 91」

$$91 = 7 \times 13 \rightarrow 91 \text{ は素数ではない！}$$

（例2）　3999991 は素数か合成数か．

$$\begin{aligned}
3999991 &= 4000000 - 9 \\
&= 2000^2 - 3^2 \\
&= (2000+3)(2000-3) \\
&= 2003 \times 1997 \quad \leftarrow \text{素数でない とわかる}
\end{aligned}$$

▫ 2003, 1997 はともに素数だが，これを確認する必要はなく，2数の積として表すことができた段階で合成数（素数ではない）とわかる．

▫ ある整数 n が素数か否かの判定するためには，整数 n を＜2以上 $\sqrt{n}$ 以下のすべての素数＞で割ってみればよい――割り切れなければ素数とわかる――のですが，数が大きくなると，$\sqrt{n}$ 以下のすべての素数を知りようがなく，また知っていたとしても，作業が大変なことになります．素数に関しては，倍数の判定法のような手軽な判定法があるわけではありません．

▷受験年度の確認

入試問題では，入試が実施される年度（西暦）がテーマとなることがよくある．

　　2011 … 素数　　　　2016 = $2^5 \times 3^2 \times 7$
　　2012 = $2^2 \times 503$　　2017 … 素数
　　2013 = $3 \times 11 \times 61$　　　⋮（このあと）
　　2014 = $2 \times 19 \times 53$　　2027, 2029, 2039, …
　　2015 = $5 \times 13 \times 31$　　　　　が素数．

▫ p.21 の「定義」参照．

(Memo)　英語では，prime number. prime の本来の意味は，① 最も重要な，主要な　② 最良の，第一級の　③ 最初の，根本的な　④ 典型的な，など．prime な数である素数が整数の中で特別な存在として位置づけられていることがわかります．

◀古くから知られている素数判定法として，「エラトステネスの篩」がある．

1ケタの素数を除いた後，2, 3, 5, 7 の倍数を消していく．

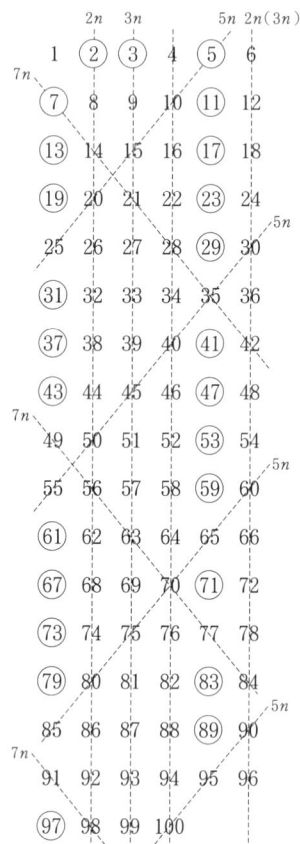

コラム②
素数探索の旅

整数問題における重要テーマのひとつ，素数 prime number．

この神秘の数は，深海の未知の世界にも似て，いまだ人類の前にその全貌を現してはいない．

西暦の年号は右のように続く．受験生は受験年度の西暦年号について，素数か否か，またどのように素因数分解できるかについて，あらかじめ確認しておいた方がよい．

$2008 = 2^3 \times 251$
$2009 = 7^2 \times 41$
$2010 = 2 \times 3 \times 5 \times 67$
$2011 = $ 素数
$2012 = 2^2 \times 503$
$2013 = 3 \times 11 \times 61$
$2014 = 2 \times 19 \times 53$
$2015 = 5 \times 13 \times 31$
$2016 = 2^5 \times 3^2 \times 7$
$2017 = $ 素数
$2018 = 2 \times 1009$
$2019 = 3 \times 673$
$2020 = 2^2 \times 5 \times 101$
⋮

世に知られていない新たな素数を，数学者は追い求めた．

メルセンヌ（Marin Mersenne, 1588-1648,（フランスの数学者・僧侶））も，その1人だった．

$M_p = 2^p - 1$（p は素数）の形をした自然数を「メルセンヌ数」といい，メルセンヌ数が素数のとき，その数を「メルセンヌ素数」という．メルセンヌは1644年に

「$p = 2, 3, 5, 7, 13, 17, 19, 31, 67, 127, 257$ のとき，$M_p = 2^p - 1$ は素数で，$p < 257$ のとき，これ以外の M_p は合成数である」

と，発表した．

☞ $M_{11} = 2^{11} - 1 = 2047 = 23 \times 89$ であり，素数ではない．また，「神秘的予想」とされていた $M_{67} = 2^{67} - 1$ は，1903年コロンビア大学の数学者フランク・ネルソン・コールによって，メルセンヌの主張から250年経て，その誤りが示された．コールは，米国数学学会の会合で，
$2^{67} - 1 = 147573952589676412927$
$\phantom{2^{67} - 1} = 193707721 \times 761838257287$
と黒板に書き，250年間続いたメルセンヌの神秘の予想に幕を下ろしたのである．その後 M_{257} も素数でないことが確認された．

この $2^p - 1$ の形の素数は，$p = 19$ までの7個についてはメルセンヌの時代までに既に知られていた．そして，1772年にオイラーによって第8番目にメルセンヌ数 M_{31}（$2^{31} - 1$）が素数であることが確認され，1876年にリュカによって第9番目のメルセンヌ数 M_{127}（$2^{127} - 1$）が素数であることが確認された．

☞ リュカ（フランスの数学者；フィボナッチ研究，完全数の研究，数学パズル「ハノイの塔」考案者，メルセンヌ素数判定法など）．Lucasを英語読みでルカ，ルカス，ルーカスとする書物も多いが，母国フランスではリュカと読む．

$M_{32582657} = 2^{32582657} - 1$．これが，2006年現在人類が手にしている（確認済みの）最大のメルセンヌ素数（44番目）で，9808358桁（約980万桁）の数．

☞ これは，厳密には「44番目のメルセンヌ素数」ではなく「44番目に発見されたメルセンヌ素数」という意味．すでに発見されたメルセンヌ素数とその次に発見されたメルセンヌ素数との間に未知の素数があるかもしれない（ないことが確認されていない）ということによる．

現在人類が確認している百万桁以上のメルセンヌ素数は全部で7個あり，35番目以降の発見は，GIMPSによるもの．

☞ GIMPS（Great Internet Mersenne Prime Search）世界最大の素数を求め続ける分散コンピューティングプロジェクト．GIMPSのホームページは，http://www.mersenne.org/．なお，電子フロンティア財団（EFF）が素数の発見に賞金をかけている（1000万桁の素数で10万ドル，1億桁の素数で15万ドル，10億桁の素数で25万ドルなど）．100万桁5万ドルの賞金を2000年4月にGIMPSが獲得．

ウーン，どこまで続く？　人類による素数探索のはるかな旅！

❖ 公約数・公倍数

▷**基本性質** 3

4-4-1 公約数・最大公約数①

整数 A, B, C, … に共通の約数を，これらの**公約数**という

　　　　　　… の公約数の中で最大のものを，**最大公約数**という

（例1）　45, 75

45 の約数 … ①, ③, ⑤, 9, ⑮, 45
75 の約数 … ①, ③, ⑤, ⑮, 25, 75

公約数は，1, 3, 5, 15（最大）
　　　　　　　　　　　↑（最大公約数）

（例2）　24, 36, 60

24 の約数 … ①, ②, ③, ④, ⑥, 8, ⑫, 24
36 の約数 … ①, ②, ③, ④, ⑥, 9, ⑫, 18, 36
60 の約数 … ①, ②, ③, ④, ⑤, ⑥, 10, ⑫, 15, 20, 30, 60

公約数は，1, 2, 3, 4, 6, 12（最大）
　　　　　　　　　　　　　　↑（最大公約数）

〈最大公約数の求め方 その1〉

（例1）
```
3 ) 45  75
5 ) 15  25
     3   5
```
$3 \times 5 = 15$

（例2）
```
2 ) 24  36  60
2 ) 12  18  30
3 )  6   9  15
     2   3   5
```
$2 \times 2 \times 3 = 12$

```
3 ) 24  36  60
4 )  8  12  20
     2   3   5
```
$3 \times 4 = 12$ （としても…）

イキナリ
```
12 ) 24  36  60
      2   3   5
```
12（としても，よい）

〈最大公約数の求め方 その2〉

（例1）　$45 = 3^2 \times 5$
　　　　$75 = 3 \times 5^2$

3 については … 最大 3 で割れる（2つとも）
5 については … 最大 5 で割れる

⇒ $3 \times 5 = 15$ 最大公約数

（例2）　$24 = 2^3 \times 3$
　　　　$36 = 2^2 \times 3^2$
　　　　$60 = 2^2 \times 3 \times 5$

2 については … 最大 2^2 で割れる（3つとも）
3 については … 最大 3 で割れる
5 については … 割れない

⇒ $2^2 \times 3 = 12$ 最大公約数

☞共通なのは… 2乗まで　1乗まで　ナシ（ということ）

4-4-2 公約数・最大公約数②

〈公約数の求め方 その1〉

4-4-1 (例1)(例2) のように，書き出して調べる．

〈公約数の求め方 その2〉

　公約数＝最大公約数の約数

（例1）　(45, 75) の公約数 …「最大公約数 15」より，1, 3, 5, 15（とわかる）
（例2）　(24, 36, 60) の公約数 …「最大公約数 12」より，1, 2, 3, 4, 6, 12（とわかる）

▶応用テーマ **1**

4-1 〈最大公約数の求め方 その3：ユークリッドの互除法〉

(例) 1729 と 2431

☞ 簡単な例(45 と 75)で示すと…

——たて 45, 横 75 の長方形から同じ大きさの正方形を余りが出ないように切り取るとき, 正方形の一辺は 45 と 75 の公約数となり, 最大の正方形は一辺の長さが 15 である. これを, 次のように求める.

◀ 求め方その1, 求め方その2 では, いつ見つかるかわからない.

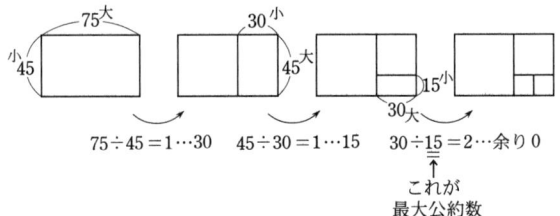

$75 \div 45 = 1 \cdots 30$　　$45 \div 30 = 1 \cdots 15$　　$30 \div 15 = 2 \cdots$ 余り 0

これが最大公約数

◀ この操作の計算式だけを残すと
$75 \div 45 = 1 \cdots 30$
$45 \div 30 = 1 \cdots 15$
$30 \div 15 = 2$
15 で割り切れる
(余りが出ない)
∴ 最大公約数＝15 (となる)

(1729, 2431)では…

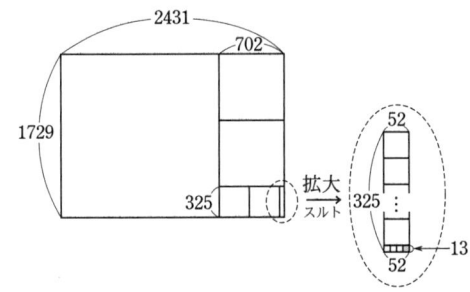

$2431 \div 1729 = 1 \cdots 702$
$1729 \div 702 = 2 \cdots 325$
$702 \div 325 = 2 \cdots 52$
$325 \div 52 = 6 \cdots 13$
$52 \div \underline{\underline{13}} = 4$　　∴ 最大公約数＝13

☞ 高校数学の中で使う「ユークリッドの互除法」を, ちょっとだけ紹介します.　(例) $16x + 7y = 1$ を満たす整数 x, y の組を1組あげよ.

〔方法1〕　適当な数を代入して探す.

〔方法2〕　ユークリッドの互除法の利用.

$16 = 7 \times 2 + 2$　$(2 = 16 - 7 \times 2 \cdots ①)$
$7 = 3 \times 2 + 1$　$(1 = 7 - 3 \times \underline{2} \cdots ②)$　②より　$1 = 7 - 3 \times \underline{2}$
②の下線部に①を代入して, $1 = 7 - 3 \times (16 - 7 \times 2)$
これより, $1 = 7 - 3 \times 16 + 7 \times 6$
$ = 7 \times 7 - 3 \times 16$
$ = 7 \times \mathbf{7} + 16 \times (\mathbf{-3})$

よって, $x = -3, y = 7$ (が求める一組)

> 1 を 16 の倍数と7 の倍数の和で表したい…
> …ということ.

この程度の数字だと, 直感でパッとわかりますが, 数が大きくなると, 適当な数をあてはめて探すのは時間の無駄, となります.

4-4₃ 公約数・最大公約数③ ——「互いに素」

「2数の最大公約数が1のとき ——2数が1以外の公約数をもたないとき——」
その2数を

$\boxed{\text{互いに素}}$ という．

(例1) 「互いに素」である2数を○，「互いに素」でない2数を×とする．
- ○ 2と3 → ○
- ○ 4と5 → ○
- ○ 6と10 → × （1以外に，公約数2をもつ）
- ○ 15と21 → × （1以外に，公約数3をもつ）

(例2) 記号<n>を，n以下でnと互いに素である自然数を表すものとする．
——例えば，<4>=1, 3，<9>=1, 2, 4, 5, 7, 8 である．
- ○ <8>=1, 3, 5, 7
- ○ <36>=1, 5, 7, 11, 13, 17, 19, 23, 25, 29, 31, 35

☞ 「1」は，他のすべての整数と互いに素ということになる．

▷基本性質 4

4-5₁ 公倍数・最小公倍数①

整数 A，B，C，… の共通の倍数を，これらの**公倍数**という
… の公倍数の中で最小のものを，**最小公倍数**という

(例1) 10, 15
10の倍数 … 10, 20, ㉚, 40, 50, ㊿, ㊿, 70, …
15の倍数 … 15, ㉚, 45, ㉚, 75, …
公倍数は，(最小) 30, 60, …
↑ (最小公倍数)

(例2) 6, 8, 12
6の倍数 … 6, 12, 18, ㉔, 30, 36, 42, ㊽, 54, 60, 66, …
8の倍数 … 8, 16, ㉔, 32, 40, ㊽, 56, 64, …
12の倍数 … 12, ㉔, 36, ㊽, 60, 72, …
公倍数は，(最小) 24, 48, …
(最小公倍数)

(例1)
```
5) 10  15
    2   3
```
$5 \times 2 \times 3 = 30$

(例2)
```
2) 6  8  12
2) 3  4   6
3) 3  2   3
   1  2   1
```
$2 \times 2 \times 3 \times 1 \times 2 \times 1 = 24$

(例3)
```
2) 24  36  60
2) 12  18  30
3)  6   9  15
    2   3   5
```
$2 \times 2 \times 3 \times 2 \times 3 \times 5 = 360$

☞ 2つ割れる場合は割り続ける．
☞ ただし，最大公約数を
```
2) 6  8  12
2) 3  4   6
3) 3  2   3
   1  2   1
```
$2 \times 2 \times 3$ とするのは誤り．

3つすべてを割れる数→ 2) 6 8 12
(ストップ) 3 4 6

最大公約数=2

⟨最小公倍数の求め方 その2⟩

(例2)　$\left.\begin{array}{l}6=2\times 3\\ 8=2^3\\ 12=2^2\times 3\end{array}\right\}$　2については…最小2^3でないと3つの共通の倍数にならない
3については…最小3でないと3つの共通の倍数にならない

⇒　$2^3\times 3 \underset{\text{最小公倍数}}{=} 24$

(例3)　$\left.\begin{array}{l}24=2^3\times 3\\ 36=2^2\times 3^2\\ 60=2^2\times 3\times 5\end{array}\right\}$　2については…最小2^3でないと3つの共通の倍数にならない
3については…最小3^2でないと3つの共通の倍数にならない
5については…最小5でないと3つの共通の倍数にならない

⇒　$2^3\times 3^2\times 5 \underset{\text{最小公倍数}}{=} 360$

4-5-2　公倍数・最小公倍数②

⟨公倍数の求め方 その1⟩

　4-5-1(例1)(例2)のように，書き出して調べる．

⟨公倍数の求め方 その2⟩

　　公倍数＝最小公倍数の倍数

(例1)　(10，15)の公倍数…「最小公倍数30」より，30×1，30×2，30×3，…（とわかる）
(例2)　(6，8，12)の公倍数…「最小公倍数24」より，24×1，24×2，24×3，…（とわかる）

▷ **基本性質 12**

4-6　最大公約数 & 最小公倍数（アンド）

A，Bの最大公約数をG，最小公倍数をLとするとき

[1]　$A=aG$，$B=bG$（a，bは互いに素）（とすると）

$\begin{array}{r}G\,)\,\underline{A\quad B}\\ a\quad b\end{array}$　　$L=abG$

[2]　$A\times B=aG\times bG(=abG^2)$より

　　　$AB=GL$

　[2数の積]＝[(最大公約数)と(最小公倍数)の積]　ということ

(例)　$\begin{array}{cc}A & B\\ 18と24\end{array}$

$\begin{array}{r}2\,)\,\underline{18\quad 24}\\ 3\,)\,\underline{9\quad 12}\\ 3\quad4\end{array}$　$G=2\times 3=6$
$L=2\times 3\times 3\times 4=72$

$\left.\begin{array}{l}A\times B=18\times 24=432\\ G\times L=6\times 72=432\end{array}\right\}$等しい！

☞　$L=a\underset{=}{\widehat{b)G}}=aB$
$L=\underset{=}{\widehat{a)b)G}}=bA$ デモアル．

$\begin{array}{c}B\\ \|\\ A\end{array}$

<利用例>

「最大公約数が7，最小公倍数が105である2けたの整数A，B（$A<B$）」は？

$A=7a$，$B=7b$（a，bは互いに素）とすると

$\begin{array}{r}7\,)\,\underline{7a\quad 7b}\\ a\quad b\end{array}$　$7ab=105$　∴　$ab=15$

∴　$(a, b)=(1, 15)$，$(3, 5)$

$\begin{cases}A=7\times 1=7 & \times\\ B=7\times 15=105 & \times\end{cases}$　$\begin{cases}A=7\times 3=21 & \bigcirc\\ B=7\times 5=35 & \bigcirc\end{cases}$　∴　$(A, B)=(21, 35)$

❖ 商と余り

▷**基本性質** [6]

4-7-1 商と余り①──文字式にする

整数 a, b について,

a を b で割った商を p, 余りを q とすると ($a \div b = p \overset{商}{\cdots} \overset{余り}{q}$),

$\boxed{a = bp + q}$ と書くことができる このとき, $q = 0, 1, 2, \cdots, \underset{\uparrow}{b-1}$

$\underset{q}{\overset{余り}{}} < \underset{b}{\overset{割る数}{}}$ (より)

4-7-2 商と余り②──余りを求める

(例) $\left.\begin{array}{l} A \cdots 7 \text{で割ると } 5 \text{余る数} \\ B \cdots 7 \text{で割ると } 3 \text{余る数} \end{array}\right\}$ のとき

(1) 次の数を 7 で割った余りを求めよ.

① $A+B$ ② $A-B$ ③ $A \times B$ ④ A^2 ⑤ $A^2 - B^2$

(2) 次の数を 7 で割った余りを求めよ.

① $B-A$ ② $B^2 - A^2$

解

まず文字式に
$A = 7a + 5$
$B = 7b + 3$ (とする)

(1)① $A+B = (7a+5) + (7b+3) = 7(a+b) + 8 = 7(a+b+1) + 1$ ∴ 余り 1

② $A-B = (7a+5) - (7b+3) = 7(a-b) + 2$ ∴ 余り 2

③ $A \times B = (7a+5)(7b+3) = 49ab + 21a + 35b + 15$
$= 7(7ab + 3a + 5b + 2) + 1$ ∴ 余り 1

[テーマその1]

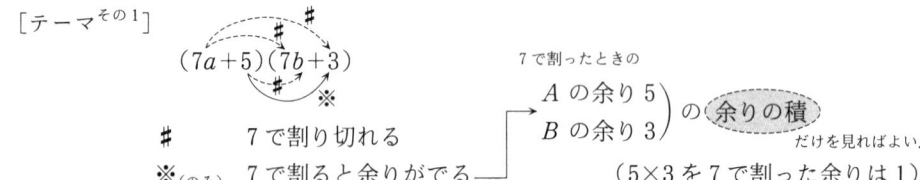

♯ 7 で割り切れる
※(のみ) 7 で割ると余りがでる

7 で割ったときの
$\left.\begin{array}{l} A \text{の余り } 5 \\ B \text{の余り } 3 \end{array}\right\}$ の **余りの積** だけを見ればよい.
(5×3 を 7 で割った余りは 1)

④ $A^2 = (7a+5)^2 = (49a^2 + 70a + 25) = 7(7a^2 + 10a + 3) + 4$ ∴ 余り 4

[テーマその2] A を k で割った余りが q のとき

$\boxed{\begin{array}{c} A^2 \text{ を } k \text{ で割った余りは} \\ \langle q^2 \text{ を } k \text{ で割った余り} \rangle \text{ に等しい} \end{array}}$

余り^2 だけを見ればよい.
(5^2 を 7 で割った
余りは 4)

(理由) $A = kp + q$ のとき, $A^2 = (kp+q)^2 = k^2p^2 + 2kpq + q^2$
$= \underline{k(kp^2 + 2pq)} + \underline{q^2}$
k で割り切れる   ここから余りが出る

⑤ $A^2-B^2=(7a+5)^2-(7b+3)^2=49a^2+70a+25-49b^2-42b-9$
$\qquad\qquad\qquad\qquad\quad =7(7a^2+10a-7b^2-6b)+16$
$\qquad\qquad\qquad\qquad\quad =7(7a^2+10a-7b^2-6b+2)+2 \qquad \therefore$ 余り 2

☞因数分解して，$\{(7a+5)+(7b+3)\}\{(7a+5)-(7b+3)\}$
$\qquad\qquad\qquad =(7a+7b+8)(7a-7b+2)$
$\qquad\qquad\qquad =(\underline{7m}+8)(\underline{7n}+2)$ として，以下③と同様に…，としてもよい．

（2）① $B-A=(7b+3)-(7a+5)=7(b-a)-2$
$\qquad\qquad\qquad\qquad\qquad\quad =7(b-a-1)+5 \qquad\qquad\therefore$ 余り 5
② $B^2-A^2=(7b+3)^2-(7a+5)^2=49b^2+42b+9-49a^2-70a-25$
$\qquad\qquad\qquad\qquad\quad =7(7b^2+6b-7a^2-10a)-16$
$\qquad\qquad\qquad\qquad\quad =7(7b^2+6b-7a^2-10a-3)+5 \qquad\therefore$ 余り 5

☞ 「$7n-2$」とは，どのような数か．
　　（その1） ▷図示して…
　　　　　　 ▷頭で考えて…「7で割り切れる数に2足りない」 ｝「7で割ると 5余る数」ト, ワカル.
　　　　　　 ▷数式で…　　$7n-2=7n-7+5=7(n-1)+5$

　　（その2） 「$7n-2$」を〈7で割ると-2余る数〉
　　　　　　 7で割ると ─┬ 5余る数
　　　　　　　　　　　　└ -2余る数 ｝同じ

　　┄〈マイナス○余る数〉という発想┄
　　　「合同式」参照(p.97)

　　（例）　7で割ると6余る数※を2乗して7で割ると…
　　　▷ $(7n+6)^2$ を7で割った余り
　　　　$=6^2$ を7で割った余り → 1　　┘④[テーマその2]より
　　　▷ ※は，$7m-1$ と表すことができるから，
　　　　$(7m-1)^2$ を7で割った余り
　　　　$=1^2$ を7で割った余り → 1　　┘④[テーマその2]より

31

▷基本性質 [7]

4-8-1 「余りが同じ」

「2数 m, n $(m>n)$ を a で割ったら余りが同じになった…」

$m = ax + b$ …①
$n = ay + b$ …②

①－②より $m - n = a(x - y)$

〈この式の意味するもの〉 ⇨ | 割った数 | | 差 |
|---|---|---|
| a | ⇒ | $m-n$ の約数 |

$$m = \overbrace{aa\cdots aaa\cdots aaa}^{x個} + \overset{余り}{b}$$
$$n = \underbrace{\underbrace{aa\cdots aaa}_{y個}}_{この差} + b$$

$(m-n)$
$\parallel$
〈a の倍数〉

（例1） 123, 456 を2ケタの整数 n で割ったときの余りが等しいとすると, $n = \boxed{}$.

解 $456 - 123 = 333$ → n は 333 の約数 → 1, 3, 9, $\underset{\underset{2ケタ}{\uparrow}}{37}$, 111, 333　∴ $n = 37$

（例2） 121, 178, 273 を整数 n $(n>1)$ で割ったときの余りが等しいとすると, $n = \boxed{}$.

解 $178 - 121 = 57$ → n は 57 の約数
　　$273 - 178 = 95$ → n は 95 の約数 ⎬ 57, 95 の公約数 = ̶1̶, 19　∴ $n = 19$

$\underline{19\,)\,5795}$　最大公約数 19
　　　3　　5

4-8-2 「商と余りが同じ」

「整数 $n(\neq 0)$ を $k(\neq 0)$ で割ると, 商と余りが等しくなった…」

$n \div k = \underset{商}{m} \cdots \underset{余り}{m}$ （ただし, $m < k$）

∴ $n = km + m$
∴ $n = m(k+1)$

〈この式の意味するもの〉 ⇨ | 割られる数 | | 割る数 |
|---|---|---|
| n | ⇒ | $k+1$ の倍数 |

（例1） 0でない整数 n を 100 で割ると商と余りが等しくなったとすると…

　　$n \div 100 = m \cdots m$ $(m < 100)$ より, $n = 100m + m = 101m$

　　このような整数 n は, 101 の倍数 (ト, ワカル).

☞全部で99個あります.

（例2） 0でない整数 n を 13 で割ると商と余りが等しく, 34 で割っても商と余りが等しい
　　とき, このような整数 n のうちで最小の数は $\boxed{}$.

解 $n \div 13 = a \cdots a$ より, $n = 13a + a = 14a$
　　$n \div 34 = b \cdots b$ より, $n = 34b + b = 35b$ ⎬ ∴ n は, 14, 35 の公倍数

$\underline{7\,)\,1435}$　$7 \times 2 \times 5 = 70$ …最小公倍数　∴ 70
　　　2　　5

▶応用テーマ ❷

4-2 余りに関する古典的問題

> （問い）　自然数 n は，次の（ⅰ），（ⅱ）を満たす．
> 　　（ⅰ）　11 をたすと 13 で割り切れる
> 　　（ⅱ）　13 をたすと 11 で割り切れる
> このような n の中で最小の数を求めよ．

◀大昔の大学入試問題，中昔（？）の高校入試問題——本問は，89 早稲田高等学院——，小昔（？）の中学入試問題——類題，86 巣鴨中，01 神戸女学院中など——で出題された，まさに「古典」といえる整数問題です．

解 ［その 1］

$n+11$ … 13 で割り切れる　→　$n+11=13a$ ………①
$n+13$ … 11 で割り切れる　→　$n+13=11b$ ………②
　　　　　　　　　　　　　　（a, b は自然数とする）

①の両辺に 13 を加えて，$n+24=13(a+1)$
②の両辺に 11 を加えて，$n+24=11(b+1)$
∴　$n+24$ は，13, 11 の公倍数，すなわち 143 の倍数
∴　$n+24=143m$　（$m=1, 2, \cdots$）
∴　$n=143m-24$ で，
　　$m=1$ のとき，最小値 $n=143\times 1-24=119$

解 ［その 2］

$\begin{cases} n+11=13a \\ n+13=11b \end{cases}$ （a, b は自然数）　…………①　…………②

①，②より，$13a+13=11b+11$
　　　∴　$13(a+1)=11(b+1)$
13 と 11 は互いに素なので，$a+1$ は 11 の倍数とわかる．
$a+1=11k$（$k=1, 2, 3, \cdots$）とすると
$a=11k-1$
∴　$n+11=13a$ より　$n+11=13(11k-1)$
∴　$n=143k-24$　（以下略）

◀ $n=143m-24$
　　$=143(m-1)+143-24$
　　$=143(m-1)+119$
つまり，（ⅰ），（ⅱ）を満たす整数は〈143 で割ると 119 余る〉ということになります．

☞目で見てわかるようにすると…

（ⅰ）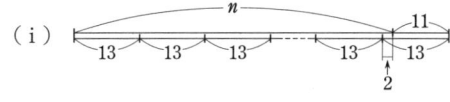　← n は 13 で割ると 2 余る数ア

（ⅱ）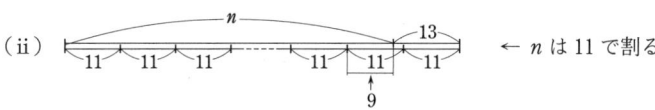　← n は 11 で割ると 9 余る数イ

それぞれ書き出してみると…
　ア　2, 15, 28, 41, 54, 67, 80, 93, 106, ⑲, 132, …
　イ　9, 20, 31, 42, 53, 64, 75, 86, 97, 108, ⑲, 130, …
となっている．

［5］ 文字式とその計算

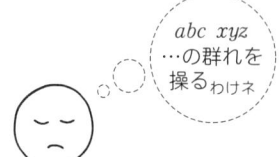

算数と数学の最大のちがいは，算数が具体的な数の世界であるのに対し，数学が文字の世界である，ということです．数学的思考に慣れるためには，アルファベットの群れ（文字）に慣れる必要があります．未知の数量を意味する文字をあやつる方法を学ぶことで，算数の世界から数学の世界への移行が進んでいきます．

▷基本性質 1

5-1 文字式のルール

① **文字を含む乗法**（かけ算） → 乗法の記号×を省く

- 数と文字の積 … 数を前・文字を後に　　　　　　　　　　　ⅰ）
  - … 1と文字の積は1を省く　　　　　　　　　　　ⅱ）
  - －1と文字の積は－を残し1を省く　　　　　　　　ⅲ）

- 文字と文字の積 … 普通はアルファベット順に　　　　　　　　ⅳ）
  - … 同じ文字の積は指数を使う　　　　　　　　　ⅴ）

- （　）を含む式 … （　）を一文字とみなし，上の
  - ⅰ）～ⅴ）に準じて表す　　　　　　　　　　　ⅵ）

☞高校数学では，$a \times b$, $b \times c$, $a \times c$ の和を
$ab+bc+ac$ ではなく，$ab+bc+ca$ と表します．$a \to b \to c \to a \to b \cdots$
と循環する文字の流れを重視するからです．

［例］
- ⅰ） $2 \times x = 2x$, $x \times 3 = 3x$, $a \times b \times (-3) = -3ab$
- ⅱ） $1 \times x = x$, $a \times 1 = a$, $m \times n \times 1 = mn$
- ⅲ） $x \times (-1) = -x$, $(-1)^3 \times x = -x$
- ⅳ） $b \times a = ab$, $x \times z \times y = xyz$
- ⅴ） $a \times a = a^2$, $x \times x \times x \times y \times y = x^3 y^2$
- ⅵ） $(x+y) \times (-2) = -2(x+y)$, $(x-1) \times (x-1) = (x-1)^2$

② **文字を含む除法**（割り算） → 除法の記号÷を使わず**分数の形で書く**

［例］
- $x \div 2 = \dfrac{x}{2}$, $4x \div 3 = \dfrac{4x}{3}$, $(a+b) \div 2 = \dfrac{a+b}{2}$

☞ $\bigcirc \div \square = \bigcirc \times \dfrac{1}{\square}$ より，それぞれ $\dfrac{1}{2}x$, $\dfrac{4}{3}x$, $\dfrac{1}{2}(a+b)$ としてもよい．

③ 四則混合計算
  □ 乗法・除法だけの式 … 左から順に，×，÷の記号を省いて表す　　　　vii)
  　　　　　　　　　　　　（ルール①②に準じる）
  ［例］（分母に使われる文字≠0とする）
  ・$x \times y \div z = \dfrac{xy}{z}$,　$a \div b \div c = \dfrac{a}{bc}$　$\left(\leftarrow a \times \dfrac{1}{b} \times \dfrac{1}{c} \text{より} \right)$

  □ 四則混合の式 … 加法・減法の部分で式を分け，vii)に準じる
  ［例］（分母に使われる文字≠0とする）
  ・$a \times 3 + b \div 4 = 3a + \dfrac{b}{4}$,　$4 \div x - 6 \div y = \dfrac{4}{x} - \dfrac{6}{y}$
  ・$(x+y) \div 3 + (a-b) \div 4 = \dfrac{x+y}{3} + \dfrac{a-b}{4}$

④ 指数法則
  ——以下 $a \neq 0$ とする——

  公式（1） $a^m \times a^n = a^{m+n}$
  公式（2） $a^m \div a^n = a^{m-n}$
  公式（3） $(a^m)^n = a^{mn}$
  ☞ $a^0 = 1$

  （1）の理由 $\overbrace{a \times a \times \cdots \times a}^{m \text{個}} \overbrace{\times a \times a \times \cdots \times a}^{n \text{個}} = a^{m+n}$

  （2）の理由 $\dfrac{\overbrace{a \times a \times \cdots\cdots \times a}^{m \text{個}}}{\underbrace{a \times a \times \cdots \times a}_{n \text{個}}} = a^{m-n}$

  ☞ $m < n$ のときは
  $a^m \div a^n = a^{\overset{負}{m-n}} = \dfrac{1}{a^{n-m}}$
  $m = n$ のときは
  $a^m \div a^n = a^{\overset{0}{m-n}} = 1$
  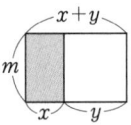
  （分母・分子に a が同数並ぶ）

  ［例］
  ・$x^3 \times x^2 = x^5$
  　$a \times a^2 \times a^3 = a^6$
  ・$x^3 \div x = x^2$
  　$x^3 \div x^5 = \dfrac{1}{x^2}$　$\left(\dfrac{\cancel{x \times x \times x}}{x \times x \times \cancel{x \times x \times x}} \text{より} \right)$
  　☞ つまり，$x^{-2} = \dfrac{1}{x^2}$　$\boxed{x^{-k} = \dfrac{1}{x^k}}$ ということ

  （3）の理由 $\underbrace{\overbrace{a \times a \times \cdots \times a}^{m \text{個}} \times \overbrace{a \times a \times \cdots \times a}^{m \text{個}} \times \cdots \times \overbrace{a \times a \times \cdots \times a}^{m \text{個}}}_{n \text{個}}$
  $= a^{mn}$

  ・$(x^3)^2 = x^6$
  　$(x^4)^3 = x^{12}$

⑤ 分配法則

  $\boxed{m(x+y) = mx + my}$　　　$m(x+y) = mx + my$

  ［例］
  ・$x(x+y) = x^2 + xy$
  ・$-3a(x-2y) = -3ax + 6ay$
  ・$a^2 b(a-b) = a^3 b - a^2 b^2$

35

▷**基本性質** ②

5-2 文字式をつくる基本概念

(1) **整数** ○ (割られる数)=(割る数)×(商)+(余り)

[例]「n で割ると商が a, 余りが b である数」$n \times a + b$ より $an+b$

○ 偶数$=2n$ ($n=1, 2, 3\cdots$)
奇数$=2n+1$ ($n=0, 1, 2, 3\cdots$)

○ 各位(千・百・十・一)が a, b, c, d の4ケタの数

$1000 \times a + 100 \times b + 10 \times c + d$ より $1000a + 100b + 10c + d$

(2) **割合** ○ $x\% \to \dfrac{x}{100}$ [例]・40人の $a\% \to 40 \times \dfrac{a}{100} = \dfrac{2}{5}a$(人)

・x 人の $a\% \to x \times \dfrac{a}{100} = \dfrac{ax}{100}$(人)

○ x 割 $\to \dfrac{x}{10}$ [例]・120円の x 割 $\to 120 \times \dfrac{x}{10} = 12x$(円)

・a 円の x 割 $\to a \times \dfrac{x}{10} = \dfrac{ax}{10}$(円)

(3) **損益** ○ (利益)=(売値)−(原価) ☞「原価」または「仕入れ値」

○ (定価)=(原価)×(1+利益率)
(売値)=(定価)×(1−割引率)

[例]・原価 x 円の2割増し $\to x \times (1+0.2) = 1.2x$(円)

・原価 x 円の a 割増し $\to x \times \left(1 + \dfrac{a}{10}\right) = x\left(1 + \dfrac{a}{10}\right)$(円)

・定価 a 円の x 割引き $\to a \times \left(1 - \dfrac{x}{10}\right) = a\left(1 - \dfrac{x}{10}\right)$(円)

(4) **濃度** ○ (濃度%)=$\dfrac{(食塩の量)}{(食塩水の量)} \times 100$

○ (食塩の量)=(食塩水の量)$\times \dfrac{(濃度\%)}{100}$

[例]・$x\%$ の食塩水 300g 中の食塩の量 $\to 300 \times \dfrac{x}{100} = 3x$(g)

・$a\%$ の食塩水 xg 中の食塩の量 $\to x \times \dfrac{a}{100} = \dfrac{ax}{100}$(g)

(5) **速さ** ○ (速さ)=$\dfrac{(道のり)}{(時間)}$ [例]・時速 $x$km で40分進んだ道のり

$\to x \times \dfrac{2}{3} = \dfrac{2}{3}x$ (km)

○ (時間)=$\dfrac{(道のり)}{(速さ)}$

・xm を分速 am で進む時間

○ (道のり)=(速さ)×(時間) $\to \dfrac{x}{a}$(分)

5-3 文字使用上の慣習 ─普通はそうする&そうしない─

(その1) 小文字 ⇨ 数・量を表すときに使う

(その2) 大文字 ⇨ 位置(場所)を表すときに使う

[例]・a 地点でなく A 地点 ・Acm でなく $a$cm

▷基本性質 ③
5-4 文字式の計算上の用語

□ 単項式と多項式

○ 単項式 … 数や文字の乗法だけでできている式　［例］　$2x,\ \dfrac{2}{3}x^2,\ -\dfrac{ab}{2}$

○ 多項式 … 単項式の和(差)の形で表される式　［例］　$3x-2y+1,\ \dfrac{a-2b}{3}$

□ 次数・係数

○ 次数 … 単項式でかけ合わされている文字の個数

　　［例］　・$5\underbrace{xy}_{2個}$ の次数は 2　　・$-3\underbrace{x^2 y}_{3個}$ の次数は 3

　　… 多項式では，各項の次数のうち，最も高い(＝次数の大きい)ものを，次数とする

　　［例］　・$\underset{2次}{x^2}-\underset{1次}{3x}+2$ の次数は 2　　・$\underset{5次}{a^3b^2}-\underset{4次}{ab^3}$ の次数は 5

□ 項・定数項・同類項

○ 項　　… 多項式を構成する一つ一つの単項式を「項」という
○ 定数項 … 数の項(のこと)
○ 同類項 … 項の中で文字の部分が同じ項(のこと)

　　［例］　・$3\overbrace{x-4y-x}^{同類項}+2y$　・$2\overbrace{x^2+3x-x^2}^{同類項}-5x$

┌─ 多項式 ─┐
│ $\underset{項}{x^2}\ \underset{項}{-5x}\ \underset{\overset{\parallel}{定数項}}{+6}$ │
└──────┘

同類項はまとめることができる

　　［例］　・$3x+2x=5x$　・$2x^2-3x^2=-x^2$

　　・　$x-2y-3x-5y$
　　　$=x-3x-2y-5y$ ┤項を並べかえる
　　　$=-2x-7y$　　　┤同類項をまとめる

○ □次式 … 次数が「1」の式 → 1次式 ⎫
　　　　　　「2」の式 → 2次式 ⎬ という
　　　　　　　　⋮
　　　　　　「n」の式 → n次式 ⎭

　　［例］　$\underset{5次}{x^2y^3}-\underset{3次}{xy^2}+\underset{1次}{y}$ は 5 次式

○ 係数 … 文字を含む単項式の数の部分

　　［例］　・$2x$ の係数は 2　・$-3x^2$ の係数は -3
　　　　　・$-2x^2+3x-1$　2 次の項の係数は -2，1 次の項の係数は 3

□ 未知数 … 求めたい数(量)のこと．

☞「中学数学」では，求めたい数(量)＝未知数　を…
　Step 1　文字 x などで表す　　⎫
　Step 2　x に関する式をつくる　⎬ という流れで
　Step 3　この式を解く　　　　　 ⎭
　＜文字を使って解く＞ことを基本とする．

▷**基本性質** 4

5-5-1 比 $a:b$

———— 2つの数(量)の関係 ————

〈関係を表す方法 その1： $b=ak$ 「k 倍」という方法〉

（例　$a=60$, $b=40$ のとき）　$b=\dfrac{2}{3}a$ … b は a の $\dfrac{2}{3}$ 倍

　　　　　基準に対する値　　基準となる値　a から b を見る
　　　　　　　　　　　　　　（元）

〈関係を表す方法 その2： $a:b$ 「比」という方法〉　「a 対 b」と読む

（例　$a=60$, $b=40$ のとき）　$a:b=3:2$

　　　　　　　　　　　　　　対等に見る（どちらかが元，ではない）

5-5-2　比の値 $\dfrac{a}{b}$

比　$a:b$ における　$\dfrac{前項}{後項}\left(=\dfrac{a}{b}\right)$ を「比の値」という
　　（前項）（後項）

何倍か … b を □ 倍すると a になる

（例）「$6:9$」の比の値は $\dfrac{2}{3}$

5-5-3　比例式 $a:b=c:d$

———— 2つの比(の値)が等しい ————

▷ $a:b=c:d$ 　→　$\dfrac{a}{b}=\dfrac{c}{d}$（または $\dfrac{b}{a}=\dfrac{d}{c}$）

　　　　　　　→　$\dfrac{c}{a}=\dfrac{d}{b}$（または $\dfrac{a}{c}=\dfrac{b}{d}$）

　　　　　　　→　$bc=ad$　[内項の積＝外項の積]

外項の積 $a\times d$
$a:b=c:d$
内項の積 $b\times c$

5-5-4　「比」を文字式へ

———— 条件としての「比」を文字式に変換する ————

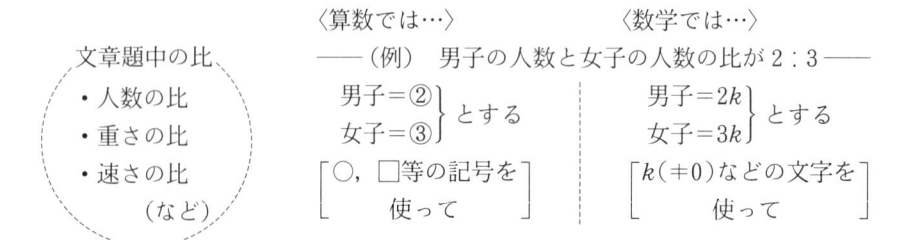

〈算数では…〉　　　〈数学では…〉

文章題中の比　———（例）男子の人数と女子の人数の比が $2:3$ ————

・人数の比
・重さの比
・速さの比
　（など）

男子＝②
女子＝③ 　とする

男子＝$2k$
女子＝$3k$ 　とする

[○, □等の記号を使って]　　[$k(\neq 0)$などの文字を使って]

▷基本性質 5

5-6-1 式の計算のポイント：符号の処理 その1

(例①) $2a - \dfrac{a-3b}{4} \longrightarrow = \dfrac{8a-(a-3b)}{4} = \cdots$ とする

（ ）を使って　　　　カッコ（ ）を使って

〈エラーに注意！〉 $2a - \dfrac{a-3b}{4} = \dfrac{8a-a-3b}{4} = \cdots$ （ではない）←マチガイ！

[ポイント] $-\dfrac{a-3b}{4}$ の意味 $\longrightarrow = \dfrac{-(a-3b)}{4} \longrightarrow = \dfrac{-a+3b}{4}$

(例②) $\dfrac{x-2y}{3} - \dfrac{3x+y}{4} = \dfrac{4(x-2y)-3(3x+y)}{12} = \cdots$ とする

☞ $\dfrac{x-2y}{3} - \dfrac{3x+y}{4}$ を $\dfrac{1}{3}x - \dfrac{2}{3}y - \dfrac{3}{4}x - \dfrac{1}{4}y$ として計算してもよい．

5-6-2 式の計算のポイント：符号の処理 その2

(例①) $(-2ab)^3 \times (3a^2b)^2 \div (-6a^3b^2)^2$ ┄┄→ $-$ マイナス　数・文字の計算
　　　　$(-)^3 \times (+)^2 \div (-)^2 = (-)^{奇}$ ────┘　　　　符号は先に

(例②) $\left(-\dfrac{1}{4}ab^3\right)^2 \times \dfrac{1}{8}a^3b^2 \div \left(-\dfrac{1}{2}ab\right)^5$ ┄┄→ $-$ マイナス　数・文字の計算
　　　　$(-)^2 \times (+) \div (-)^5 = (-)^{奇}$ ────┘

☞ $(+)^□$ は無視し，$(-)^□$ の□が偶数か奇数か(のみ)をチェックする．
符号だけの処理を先に行うのに抵抗がある人もしくは慣れていない人は，〈最終確認〉として，符号の点検を，同じ方法ですべきである．「符号つき数値」の点検でもよい．

(例②) $\left(-\dfrac{1}{4}\right)^2 \times \dfrac{1}{8} \div \left(-\dfrac{1}{2}\right)^5 = \dfrac{1}{4^2} \times \dfrac{1}{8} \times \left(-\dfrac{2^5}{1}\right) = -\boxed{} \cdots$ ←全体の符号

▷基本性質 6

5-7 式の計算のポイント：約分

(例①) $\dfrac{4x-6}{3}$ ← このままでよい. #

$\dfrac{4x-\cancel{6}^{\,2}}{\cancel{3}_{\,1}}=\cdots$ とするのは誤り．

［理由］ $\dfrac{b+c}{a}=\dfrac{b}{a}+\dfrac{c}{a}$, $\dfrac{b-c}{a}=\dfrac{b}{a}-\dfrac{c}{a}$ （ということ）

＃ 4と6, 3と6が気になるなら…

$$\dfrac{4x-6}{3} \begin{cases} \to (4x-6)\times\dfrac{1}{3} \\ \to \dfrac{4x-6}{3} \\ \to \dfrac{2(2x-3)}{3} \end{cases} \begin{array}{l} \dashrightarrow \dfrac{4}{3}x-2 \\ \\ \dashrightarrow \dfrac{2}{3}(2x-3) \end{array}$$

☞ $\dfrac{4x-6}{3}$, $\dfrac{4}{3}x-2$, $\dfrac{2(2x-3)}{3}$, $\dfrac{2}{3}(2x-3)$ は全て同じ式ですが「簡単にしなさい」「計算しなさい」という設問では( )をはずすのが普通なので, $\dfrac{4x-6}{3}$ か $\dfrac{4}{3}x-2$ とします．

(例②) $\dfrac{4a-8b}{6}$ ← このままではマズイ(約分の必要あり).

［処理Ⅰ］ 4, 6, 8 の最大公約数の2で全てを割る　$\dfrac{\cancel{4}^{\,2}a-\cancel{8}^{\,4}b}{\cancel{6}_{\,3}}$ として $=\dfrac{2a-4b}{3}$

［処理Ⅱ］ 2つの分数にバラして　$\dfrac{4a-8b}{6}$ として $=\dfrac{2}{3}a-\dfrac{4}{3}b$

［処理Ⅲ］ 分子を( )でくくって　$\dfrac{4(a-2b)}{6}$ として $=\dfrac{2}{3}(a-2b)$

5-8 式の計算のポイント：逆数の形

(例) $4a^4b^3\div\left(-\dfrac{2}{3}a^3b^2\right)$ を $4a^4b^3\times\left(-\dfrac{3}{2}a^3b^2\right)=\cdots$ とするのは誤り．

［ポイント］ $4a^4b^3\div\left(-\dfrac{2}{3}a^3b^2\right)$

$=4a^4b^3\div\left(-\dfrac{2a^3b^2}{3}\right)$ ㊟まず 〈$\dfrac{\bigcirc\boxed{文字}}{\square}$ を $\dfrac{\bigcirc\boxed{文字}}{\square}$ の形に〉

$=-\dfrac{4a^4b^3}{1}\times\dfrac{3}{2a^3b^2}$ ㊟次に 〈$\div\dfrac{\bigcirc\boxed{文字}}{\square}$ を $\times\dfrac{\square}{\bigcirc\boxed{文字}}$ に〉

$=\cdots$

☞実戦では…．テストの $4a^4b^3\div\left(-\dfrac{2}{3}a^3b^2\right)$ の式に $\underbrace{4a^4b^3}_{1}\div\left(-\dfrac{2}{3}\underbrace{a^3b^2}\right)$ と書き込む．

▷基本性質 7

5-9-1 式の計算の工夫①

(例) 　$-2x^2+3x-6$
　　　$-)\ \ \ x^2-4x-2$

→ (方法1) 普通に
　　　$-2x^2+3x-6$
　　　$-)\ \ \ x^2-4x-2$
　　　$\overline{-3x^2+7x-4}$

　　$-2x^2-x^2=\cdots$
　　$+3x-(-4x)=\cdots$ 　頭の中でこの作業をすることになる
　　$-6-(-2)=\cdots$

引き算のとき エラー(ミス)が 生じやすい！

$\begin{array}{l}\square\text{を引く}\\ -\square\text{をたす}\end{array}$ に変換する

(方法2) 工夫して
　　　$-2x^2+3x-6$
　　　$+)-x^2+4x+2$
　　　$\overline{-3x^2+7x-4}$

工夫その1・工夫その2：**符号を逆にして たし算をする**

(練習) 　$2x-4y-3$
　　　$-)-x+3y-2$
→ 　$2x\ -4y\ -\ 3$
　　$+)\square x\ \square 3y\ \square 2$　　(答え) $3x-7y-1$

☞ 慣れれば，このような工夫は不要ですが，「たての筆算」はたし算で，という例です．次の②のように，3つの式の計算になると「たての筆算をたし算で」という方法は大きな意味をもってきます．

5-9-2 式の計算の工夫②

(例) $\left.\begin{array}{l}A=x-y+z\\ B=2x+y-3z\\ C=-x+2y-2z\end{array}\right\}$ $A+2B-3C$ を $x,\ y,\ z$ で表す．

(方法1) 普通に
$A+2B-3C=x-y+z+2(2x+y-3z)-3(-x+2y-2z)$
　　　　　　$=x-y+z+4x+2y-6z+3x-6y+6z$
　　　　　　$=8x-5y+z$

(方法2) 工夫して
$\begin{array}{rl}A\to & x-\ y+\ z\\ 2B\to & 4x+2y-6z\\ -3C\to & \underline{3x-6y+6z}\\ & 8x-5y+\ z\end{array}$

工夫その1・工夫その2：**たての筆算で 全てたす形に** ← $3C$ を書くのではなく $-3C$ を書く🖉

☞ (方法1)は $x-y+z+4x+2y-6z+3x-6y+6z$
目線(視線)をズラす必要がある
──3回フォーカスする──

(方法2)は $\begin{array}{r}-y\\ +2y\\ -6y\end{array}$
目線(視線)をズラさない
──1回フォーカスのみ──

(練習) $\left.\begin{array}{l}A=\ \ \ x^2-3x-2\\ B=-3x^2+2x-1\\ C=\ \ 2x^2-4x-3\end{array}\right\}$ のとき，$A-2B-3C$ を $x,\ y,\ z$ で表す．　(答え) x^2+5x+9

41

［6］等式・1次方程式

> 未知数追跡の画期的なシステムね…

1次方程式というのは，等式の両辺に加える4つの操作（たす・引く・かける・割る）によって未知数を機械的に求めることができる，いわば画期的なシステムです．使いこなせるようになると，特にその便利さは特に感じなくなってしまいますが，中学・高校と続く数学の学びは，この方程式からスタートしていきます．

▶基本性質 ①

6-1-1 等式

「等式」とは…
〈数量の等しい関係を等号を用いて表した式〉
〈式や文字・数量が等号で結ばれているもの〉

☞ ─より簡単に─
〈等号で結ばれた式〉

（例1）　$3x+15=40$
（例2）　$4a+3b=60$
（例3）　$a(b+c)=ab+ac$

どの例も…

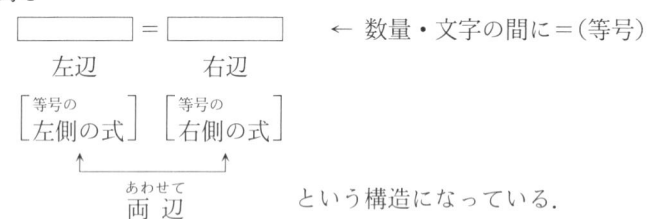

　　　□ ＝ □　　← 数量・文字の間に＝(等号)
　　　左辺　　右辺

［等号の左側の式］［等号の右側の式］
あわせて　両辺

という構造になっている．

6-1-2 等式の性質

［Ⅰ］　$A=B$　ならば　$A+C=B+C$
［Ⅱ］　$A=B$　ならば　$A-C=B-C$
［Ⅲ］　$A=B$　ならば　$A\times C=B\times C$
［Ⅳ］　$A=B$　ならば　$\dfrac{A}{C}=\dfrac{B}{C}$　（ただし，$C\neq 0$）　← 「$C\neq 0$」…「Cは0でない」

［Ⅰ］　等式の両辺に同じ数をたしても，等式は成り立つ．　⎫ 同じこと
［Ⅱ］　等式の両辺から同じ数をひいても，等式は成り立つ．⎭
［Ⅲ］　等式の両辺に同じ数をかけても，等式は成り立つ．　⎫（0以外は）同じこと
［Ⅳ］　等式の両辺を同じ数で割っても，等式は成り立つ．　⎭

☞「成り立つ」とは，もとの等しい関係は保たれるという意味で，等式を変形させるときの原則であり，「方程式を解く」ときの基本操作——等式の変形——に用いられる．

6-1-3 等式の変形：応用その1 ——分数の形から——

▷ $\dfrac{b}{a}=\dfrac{d}{c}$ の変形① ——分数でない式に——

[方法1] $\dfrac{b}{a}=\dfrac{d}{c}$ ⇨ $\dfrac{b}{a}\times ac = \dfrac{d}{c}\times ac$ ⇨ $\dfrac{b}{\cancel{a}}\times \cancel{a}c = \dfrac{d}{\cancel{c}}\times a\cancel{c}$ ⇨ $bc=ad$

（29-2[Ⅲ]より）

[方法2] $\dfrac{b}{a}=\dfrac{d}{c}$ ⇨ $\dfrac{b}{a}\!\!\!\underset{\text{かける}}{\overset{\text{かける}}{\times}}\!\!\!\dfrac{d}{c}$ ⇨ $bc=ad$
（上の結果より）

☞ 方法1は原則どおりの変形，方法2は原則どおりの変形から得られた結果を利用した変形，ということ．

☞ 分数の形にすることによって，文字の関係がよりクリヤーになることもある．
（例）$bc+ca=ab$
⇨ 両辺を $abc(\neq 0)$ で割って，
$\dfrac{\cancel{bc}}{a\cancel{bc}}+\dfrac{\cancel{ca}}{\cancel{a}b\cancel{c}}=\dfrac{\cancel{ab}}{\cancel{ab}c}$
より
$\dfrac{1}{a}+\dfrac{1}{b}=\dfrac{1}{c}$ （など）

▷ $\dfrac{b}{a}=\dfrac{d}{c}$ の変形② ——逆数をとる——

$\dfrac{b}{a}=\dfrac{d}{c}$ ⇨ $\dfrac{a}{b}=\dfrac{c}{d}$ （左辺・右辺ともに逆数にする）

（例）$\dfrac{1}{a}=\dfrac{1}{b}+\dfrac{1}{c}$ を $a=\cdots$ の形に

$\dfrac{1}{a}=\dfrac{1}{b}+\dfrac{1}{c}$ ⇨ $\dfrac{1}{a}=\dfrac{c+b}{bc}$ ⇨ $\dfrac{a}{1}=\dfrac{bc}{b+c}$ ⇨ $a=\dfrac{bc}{b+c}$

$\begin{bmatrix}\text{左辺・右辺ともに}\\ \text{一つの分数に}\end{bmatrix}$ ♯　　　　☞ ♯…一つの分数にしてから，逆数をとる．和(差)の形のままでは，不可能．

6-1-4 等式の変形：応用その2 ——2つの等式から——

┌─ $a=b\cdots$①，$c=d\cdots$②（の2つの等式から）─┐
│　①＋②より　　$a+c=b+d$
│　①－②より　　$a-c=b-d$
│　①×②より　　$ac=bd$
│　①÷②より　　$\dfrac{a}{c}=\dfrac{b}{d}$
│　　　　　（ただし，$c\neq 0$，$d\neq 0$）
└──────────────────────┘

☞ 2つの等式が成り立っているとき，その2つの等式の「左辺どうし」と「右辺どうし」を——「辺々を」（という）——たす・ひく，かける・割る，ということ．

（使用例1）
$\begin{cases}2x+y=6\ \cdots\cdots①\\ 3x-y=4\ \cdots\cdots②\end{cases}$ ⇨ ①＋②より　　$5x=10$　（以下略）
　　　　　　　　　　　　　（辺々をたして）

（使用例2）
$\begin{cases}x+y=3k\ \cdots\cdots①\\ y+z=4k\ \cdots\cdots②\\ z+x=5k\ \cdots\cdots③\end{cases}$ ⇨ ①＋②＋③より　$2(x+y+z)=12k$　（以下略）
　　　　　　　　　　　　　　（辺々をたして）

（使用例3）
$\begin{cases}a^2b=3k\ \cdots\cdots①\\ bc^2=4k\ \cdots\cdots②\end{cases}$ ⇨ ①×②より　　$a^2b^2c^2=12k^2$　（以下略）
　　　　　　　　　　　　　（辺々をかけて）

▷基本性質 2

6-2-1 方程式とその解

[1] 「方程式」とは…

ある文字(たとえば x)のとるべき数値を決定する条件を等式で表したものを,その文字(たとえば x)についての方程式,という.つまり,

> ある文字,たとえば x の値によって成り立つ or 成り立たない等式を
> 「x についての方程式」という

たとえば,$3x+2=14$ という等式があるとき,
　この等式は,$x=4$ のとき(のみ)成り立つ.
　x が他の値をとるときは,成り立たない.

☞ 上の「成り立つ or 成り立たない」というのは,左のような意味で.

[2] 解

方程式を成り立たせる文字(たとえば x)の値を,その「方程式の解」という.
また,方程式の解を求めることを「方程式を解く」という.

☞ 同じ等式でも,右のような等式は,文字がとる値によって「成り立つ or 成り立たない」ではなく常に成り立つ.このような式は,恒等式といって,高校数学で本格的に扱われることになる.

(例)
　○ $a(b+c)=ab+ac$
　○ $(a+b)^2=a^2+2ab+b^2$

☞ その等式を「成り立たせる」x,という意味で,その等式を「満たす」x,という表現がよく使われる.

6-2-2 1次方程式の解き方

[1] 基本型 $ax=b\ (a\neq 0)$

(例1)　$3x=5$
　　　　$x=\dfrac{5}{3}$ ⎫ 両辺を3で割る(**6-1-2**[Ⅳ])

☞ 「3に x をかけて5になる」ということは…,と考えるのではなく,機械的な操作として,

> $\bigcirc x=\square \Rightarrow x=\dfrac{\square}{\bigcirc}$ とする.

☞ $-3x=5$ の場合は,$x=-\dfrac{5}{3}$ とする.

(例2)　○ $\dfrac{3}{4}x=5$
　　　　$3x=20$ ⎫ 両辺に4をかける(**6-1-2**[Ⅲ])
　　　　$x=\dfrac{20}{3}$ ⎫ 両辺を3で割る(**6-1-2**[Ⅳ])

☞ 分数の係数をもつ式を,整数の係数の式に,最初の段階で直してしまい,基本型 $ax=b$ をつくる.

○ $\dfrac{3}{4}x=5$
　　$x=5\times\dfrac{4}{3}$ ⎫ 両辺に $\dfrac{4}{3}$ をかける(**6-1-2**[Ⅲ])
　　　$=\dfrac{20}{3}$

☞ 両辺を $\dfrac{3}{4}$ でわる…とするより,

> x の係数を1とする

のが最終目標なのだから,
$\dfrac{4}{3}\times\dfrac{3}{4}x=5\times\dfrac{4}{3}$ とする.

［2］ 基本型をつくる操作

① 移項する（x を左辺へ，数を右辺へ）

- タイプⅠ　$3x+2=6$　　　　移項

  $3x\ \ \ =6-2$　　⇨　　$3x=4$　（以下略）

等式の一方の辺にある項（文字や数）を，符号に変えて他の辺へ移すことを「移項する」という．

☞ $3x+2=6$ の左辺の $+2$ を消すために，左辺に -2 を加え，右辺にも -2 を加える（**6-1-2**［Ⅰ］または［Ⅱ］）．

$$3x+2-2=6-2$$

↓
0 になる

- タイプⅡ　$5x-3=3x+4$

  $5x-3x=4+3$

  $2x=7$　（以下略）

② （　）をはずす

（例1）　$2(x+3)=5(x-2)$　　　⎫
　　　　$2x+6=5x-10$　　　　⎬（　）をはずす
　　　　$2x-5x=-10-6$　　　⎭ 移項する
　　　　$-3x=-16$　（以下略）

③ 分数（小数）の係数を整数の係数に直す

（例1）　$\dfrac{1}{3}x-2=\dfrac{1}{4}x+3$　　⎫ 両辺に 12 をかける
　　　　$4x-24=3x+36$
　　　　　　（以下略）

（例2）　$\dfrac{x+1}{3}=2-\dfrac{x-2}{5}$　　⎫ 両辺に 15 をかける
　　　　$5(x+1)=30-3(x-2)$
　　　　　　（以下略）

（例3）　$0.3(x-1)=0.5x+4$　　⎫ 両辺に 10 をかける
　　　　$3(x-1)=5x+40$
　　　　　　（以下略）

整数の係数 ← 分数・小数の係数
⬇　　（　）があれば　⬇ （　）をはずす
$\bigcirc x=\square$　⇨　$x=\dfrac{\square}{\bigcirc}$

という流れ．

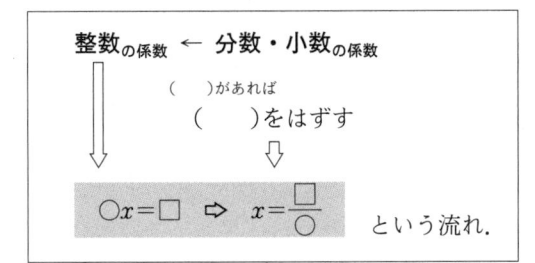

☞ 分母の公倍数をかければよい．このような操作で分数の形でない形をつくることを，〈分母をはらう〉という．

☞ 例2のような式の分母をはらうとき，「分母をはらう」操作と

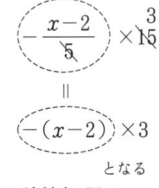

$$-\dfrac{x-2}{5}\times \overset{3}{\cancel{15}}$$
$$=$$
$$-(x-2)\times 3$$

となる

この計算処理は，一度にまとめて行うより，（　）をつけた形を書き残し──これを第1ステップとし，次に（　）をはずす第2ステップとする，2段階の作業に分けた方がよい．

▷基本性質 ③

6-3-1 「式」と「等式」の区別 その1

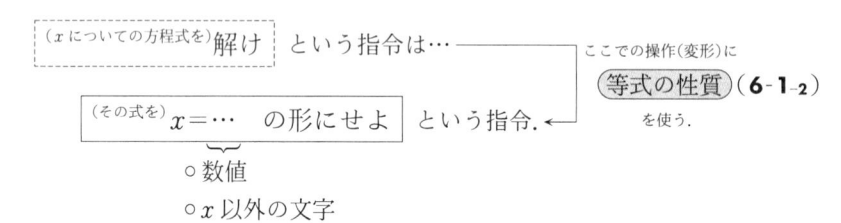

〈区別〉 $\begin{cases} \text{「次の式を計算しなさい」} \to \text{ケース①} \\ \text{「次の方程式を解きなさい」} \to \text{ケース②} \end{cases}$

ケース① $\dfrac{x+1}{2} - \dfrac{x-2}{3}$ を計算せよ．

$$\dfrac{x+1}{2} - \dfrac{x-2}{3} = \dfrac{3(x+1) - 2(x-2)}{6}$$
$$= \dfrac{3x+3-2x+4}{6}$$
$$= \dfrac{x+7}{6}$$

ケース② $\dfrac{x+1}{2} - \dfrac{x-2}{3} = 1$ を解け．

（両辺に6をかけて）
$$3(x+1) - 2(x-2) = 6$$
$$3x+3-2x+4 = 6$$
$$3x-2x = 6-7$$
$$x = -1$$

☞ ②は「等式」なので，〈等式の両辺に同じ数をかけても，等式は成り立つ〉(**6-1-2**) ことから，両辺に左辺の分母の2と3の最小公倍数をかけて，分数の形でない式に変形することが可能．これに対し，①は，与えられた一つの「式」であり，この式を簡単にせよというのがテーマであるので，勝手に分母を払うために6倍するというような操作は不可能(してはいけない)．

| (xについての方程式を)解け という指令は… | ここでの操作(変形)に |
| (その式を) $x = \cdots$ の形にせよ という指令． | 等式の性質 (**6-1-2**) を使う． |

- ○ 数値
- ○ x 以外の文字

☞ ＜x を左辺に集め，数字を右辺に集める＞というのが原則ですが，次のような形の場合，x を右辺にもっていくことも可能です．

例1) $3 - x = -5$
　　　$3 + 5 = x$　　　(x を右辺に，-5 を左辺に移行)
　　　　$8 = x$
　　（答え）$x = 8$　　　（左から読むと，「$x=8$」ということ）

例2) $8 - 2x = 3 + x$
　　　$8 - 3 = x + 2x$　　　($-2x$ を右辺に，3 を左辺に移行)
　　　　$5 = 3x$
　　　　$\dfrac{5}{3} = x$
　　（答え）$x = \dfrac{5}{3}$　　　（左から読むと，「$x = \dfrac{5}{3}$」ということ）

☞ ②で，次のような操作(変形)は誤り．

$0.03 \times 80 + 0.08 \times x = 0.04 \times (80 + x)$ を

(例1) $3 \times 80 + 8 \times \underline{100}x = 4 \times \underline{100} \times (80+x)$ とする
(例2) $3 \times 80 + 8 \times x = 4 \times \underline{100} \times (80+x)$ とする

どちらも ----- 部分が誤り．

$\boxed{0.08 \times x}$ というカタマリ
$\boxed{0.04 \times (80+x)}$ というカタマリ
に 100をかければよい．

6-3-2 「式」と「等式」の区別 その2

「式」を変形する書式(書き進め方)

スタイル 1

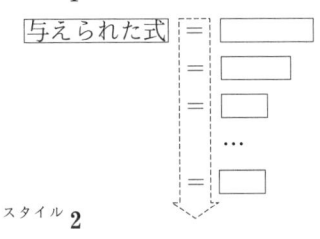

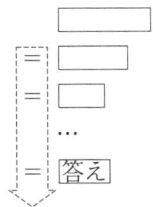

与えられた式 = ☐
= ☐
= ☐
⋮
= ☐

スタイル 2

☐
= ☐
= ☐
⋮
= 答え

☞ 本誌も含め，誌面の都合上やむをえず，式の右横に等号をつなげて，
☐ = ☐ = ⋯
とする場合もあるが，みなさんは 1 か 2 で．

「等式」を変形する書式(書き進め方)

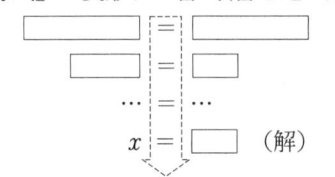

☐ = ☐
☐ = ☐
⋯ ⋮ ⋯
x = ☐ (解)

☞ 等号が左右の辺の中央に位置する．垂直に並ぶ必要はないが，左辺の左側に等号を書くのは誤り．
(✗ ☐ = ☐)

▶応用テーマ 1

6-1 分母にある未知数

(例1) $\dfrac{12}{6} + \dfrac{6}{x} = 3.5$

〔方法Ⅰ〕 $\dfrac{○}{x} = □$ から $□x = ○$

$\dfrac{6}{x} = \dfrac{7}{2} - 2$ より $\dfrac{6}{x} = \dfrac{3}{2}$

→ ① 算数的アタマで，$x=4$ とわかる

→ ② 両辺に x をかけて，$6 = \dfrac{3}{2}x$ とする

→ ③ 両辺に $2x$ をかけて，$12 = 3x$ とする

〔方法Ⅱ〕 まず，整数係数の式へ

→ 両辺に $6x$ をかけて，
$12x + 36 = 21x$ とする

〔方法Ⅲ〕 $\dfrac{1}{x} = X$ として，X の方程式を解く

→ $2 + 6X = \dfrac{7}{2}$ より $4 + 12X = 7$

これより，$X = \dfrac{1}{4}$ ∴ $x = 4$

☞ 逆数を求める，ということです．

◀ 速さの文章題で「はじめ 12km の道のりを時速 6km で進み，次に 6km を速さを変えて進んで，合計 3 時間 30 分で目的地に着いた」というケース．応用・発展型としては…

○ $\dfrac{12}{6} + \dfrac{6}{6-x} = 3.5$

○ $\dfrac{12}{x} + \dfrac{6}{x-2} = 3.5$

☞ 2次方程式になる．

○ $\begin{cases} \dfrac{2}{x+y} + \dfrac{1}{x-y} = 7 \\ \dfrac{1}{x+y} - \dfrac{1}{x-y} = -1 \end{cases}$

☞ 連立方程式の応用．

▶応用テーマ 2

6-2 係数が文字の方程式

x についての方程式 $ax=b$ を解きなさい．

（誤答） $ax=b$

（両辺を a で割って） $x=\dfrac{b}{a}$ ←0点に近い！

（解） $ax=b$

　（ⅰ） $a \neq 0$ のとき，$x=\dfrac{b}{a}$
　（ⅱ） $a=0$, $b=0$ のとき，不定
　（ⅲ） $a=0$, $b \neq 0$ のとき，解なし（存在しない）

☞ （ⅱ）のケースは，無数に解があり，「定まらない」という意味．
　　（ⅲ）のケースは，解が存在せず，「不能」ともいう．

☞ x についての方程式で，同様の例として…
　［例1］ $(a-2)x=3$
　　　（ⅰ） $a \neq 2$ の場合
　　　（ⅱ） $a=2$ の場合　　と分けることからスタートする．
　［例2］ $x(x-2)=3x$
　　　（誤答）両辺を x で割って，$x-2=3$ ∴ $x=5$
　　　（解）　$x^2-2x=3x$
　　　　　　 $x^2-5x=0$（という2次方程式を解く）

◀何がいけないか？──0かもしれない a で両辺を割っているから．

　　　数学では
　　　0で割ってはいけない．

（理由：数学が成り立たない．）
（例）　$6 \div 3 = 2 \longleftrightarrow 3 \times 2 = 6$
　　　　　　　　　　　　　or
　　　　　　　　　　　$2 \times 3 = 6$
　　　$6 \div \square = 2 \longleftrightarrow \square \times 2 = 6$
　　　　　　　　　　　　　or
　　　　　　　　　　　$2 \times \square = 6$
　　　$6 \div 0 = ? \longleftrightarrow 0 \times ? = 6$
　　　　　　　　　　　　　or
　　　　　　　　　　　$? \times 0 = 6$

☞ 最後の例で？に適する数を考える意味はない．

▷基本性質 4

6-4-1 連立方程式とその解

［1］「連立方程式」とは…
複数の方程式が同時に成り立っているとき，その複数の方程式のセットを連立方程式といい，そのセットをたてに並べて中カッコ記号（ { ）をつけて表す．

［2］解（かい）
連立方程式を成り立たせる──複数の方程式を同時に成り立たせる──値（文字の値）を，連立方程式の解といい，通常次のように表す（未知数が x, y の場合）．

　○ $x=\square$, $y=\bigcirc$
　○ $(x, y)=(\square, \bigcirc)$
　○ $\begin{cases} x=\square \\ y=\bigcirc \end{cases}$

（例）

○ $\begin{cases} 3x+y=5 \\ x-y=3 \end{cases}$

○ $\begin{cases} x+y-z=4 \\ x+2y+z=3 \\ x-y+z=2 \end{cases}$

☞ ただし，次のようなスタイルの連立方程式もある．
（例）　$x-2y=3x+2y=4$
（50ページ参照）

48

6-4-2 連立方程式の解き方 その1

[1] 基本型 その1 $\begin{cases} y = \boxed{} & \cdots\cdots ① \\ \square x + \bigcirc y = \triangle & \cdots\cdots ② \end{cases}$ （1文字が他の文字で表されている）

⇒ ②に①を「代入」 $\square x + \bigcirc y = \triangle$

Step 1 〈代入〉によって 2文字の連立方程式を 1文字の方程式へ

（例） $\begin{cases} y = x - 1 & \cdots ① \\ 3x - 2y = 5 & \cdots ② \end{cases}$

①を②に代入して，
$3x - 2(x-1) = 5$
$\therefore x = 3 \quad \cdots ③$ （途中略）

Step 2 1文字の方程式を解く

Step 3 その値を代入して 他の値を求める

③を①に代入して，
$y = 3 - 1 = 2 \quad \therefore (x, y) = (3, 2)$

[2] 基本型 その2 $\begin{cases} \bigcirc x + y = \triangle & \cdots ① \\ \bullet x - y = \triangle & \cdots ② \end{cases}$ または $\begin{cases} \bigcirc x + y = \triangle & \cdots ① \\ \bullet x + y = \triangle & \cdots ② \end{cases}$ （など）

――片方の文字の係数が等しい場合――

⇒ ①+② または ①−② などの たての筆算（加減）へ

（例） $\begin{cases} 3x + y = 7 & \cdots ① \\ 2x + y = 4 & \cdots ② \end{cases}$

①−② $\quad \begin{array}{r} 3x + y = 7 \\ -) 2x + y = 4 \\ \hline x = 3 \end{array}$ （以下略）

（例） $\begin{cases} 4x + 3y = 2 & \cdots ① \\ 2x - 3y = -8 & \cdots ② \end{cases}$

①+② $\quad \begin{array}{r} 4x + 3y = 2 \\ +) 2x - 3y = -8 \\ \hline 6x = -6 \end{array}$
$\therefore x = -1$ （以下略）

[3] 基本型 その3 $\begin{cases} \bigcirc x + \square y = \triangle & \cdots ① \\ \bullet x + \blacksquare y = \triangle & \cdots ② \end{cases}$

――両方の文字の係数が等しくない場合――

⇒ ①×m+②×n または ①×m−②×n として たての筆算（加減）へ

（例） $\begin{cases} 2x + 3y = 5 & \cdots ① \\ 3x - 2y = -12 & \cdots ② \end{cases}$

①×2+②×3 $\quad \begin{array}{r} 4x + 6y = 10 \\ +) 9x - 6y = -36 \\ \hline 13x = -26 \end{array}$
（以下略）

（例） $\begin{cases} 5x - 3y = -9 & \cdots ① \\ 6x - 5y = -8 & \cdots ② \end{cases}$

①×5−②×3 $\quad \begin{array}{r} 25x - 15y = -45 \\ -) 18x - 15y = -24 \\ \hline 7x = -21 \end{array}$

①×5+②×(−3) $\quad \begin{array}{r} 25x - 15y = -45 \\ +) -18x + 15y = 24 \\ \hline 7x = -21 \end{array}$

（以下略）

（ ）がついたものや分数・小数の係数をもつ連立方程式も，基本型 [1]・[2]・[3] に変形して，同上の操作を行います．

6-4-3 連立方程式の解き方 その2

[4] 基本型 その4　$(x, y の式) = (x, y の式) = 数$

（例）　$4x - 3y = x + 2y - 2 = 12$

$$\begin{cases} 4y - 3y = 12 \\ x + 2y - 2 = 12 \end{cases} \text{とする}$$

（以下略）

$A = B = C$ の形（これも連立方程式）

$$\Downarrow \quad \Downarrow \quad \Downarrow$$

$$\begin{cases} A = B \\ A = C \end{cases} \begin{cases} A = B \\ B = C \end{cases} \begin{cases} A = C \\ B = C \end{cases}$$

（どの形にしてもよい）

[5] 基本型 その5　$(x, y の式) = (x, y の式) = (x, y の式)$

（例）　$2x - 3y - 1 = x - 4y + 1 = -x - 5y + 6$

$$\begin{cases} 2x - 3y - 1 = x - 4y + 1 & \cdots ① \\ x - 4y + 1 = -x - 5y + 6 & \cdots ② \end{cases}$$

①, ②より，$\begin{cases} x + y = 2 & \cdots ①' \\ 2x + y = 5 & \cdots ②' \end{cases}$

（以下略）

⇐ $2x - 3y - 1 = \underbrace{x - 4y + 1}_{①} = \overbrace{-x - 5y + 6}^{②}$

（と，見る）

[6] 応用型

（例1）　$\begin{cases} \dfrac{1}{x} + \dfrac{1}{y} = 3 \\ \dfrac{2}{x} - \dfrac{1}{y} = 1 \end{cases}$

$\dfrac{1}{x} = X, \dfrac{1}{y} = Y$ とすると，

$$\begin{cases} X + Y = 3 \\ 2X - Y = 1 \end{cases}$$

①, ②より，$X = \dfrac{4}{3}, Y = \dfrac{5}{3}$

これより，$x = \dfrac{3}{4}, y = \dfrac{3}{5}$

（例2）　$\begin{cases} \dfrac{1}{x-y} - \dfrac{1}{x+y} = 1 \\ \dfrac{1}{x-y} + \dfrac{2}{x+y} = 7 \end{cases}$

Step 1：$\dfrac{1}{x-y} = X, \dfrac{1}{x+y} = Y$ として，

X, Y を求める $(X = 3, Y = 2)$.

Step 2：$x - y = \dfrac{1}{3}, x + y = \dfrac{1}{2}$ より，

x, y を求める $\left(x = \dfrac{5}{12}, y = \dfrac{1}{12}\right)$.

6-4-4 連立方程式の解き方 その3

[7] 3元連立方程式 その1 ── 普通のタイプ ──

（例）　$\begin{cases} 2x - y + z = 3 & \cdots\cdots ① \\ x + 3y - z = -4 & \cdots\cdots ② \\ -x - 2y - 2z = 5 & \cdots\cdots ③ \end{cases}$

① + ② より，$3x + 2y = -1 \cdots\cdots ④$

① × 2 + ③ より，$3x - 4y = 11 \cdots\cdots ⑤$

④ - ⑤ より　$y = -2 \cdots\cdots ⑥$

⑥を④に代入して，$x = 1 \cdots\cdots ⑦$

⑥, ⑦を①に代入して，$z = -1$

（答）　$x = 1, y = -2, z = -1$

3元連立 から
$\Downarrow$ 1文字消去
2元連立 へ

☞「元」とは…

方程式の未知数の個数のこと．

○ 連立2元1次方程式
→ 未知数が2個の(1次の)連立方程式．[1]〜[5]の例．

○ 連立3元1次方程式
→ 未知数が3個の(1次の)連立方程式．[7]の例．

[8] 3元連立方程式 その2 ──特殊なタイプ──

（例1） $\begin{cases} x+y=1 \cdots ① \\ y+z=2 \cdots ② \\ z+x=5 \cdots ③ \end{cases}$

［普通に「1文字消去」でもよいが…．］

①+②+③より, $2(x+y+z)=8$
$\therefore x+y+z=4 \cdots\cdots ④$

④-②より, $x=2$
④-③より, $y=-1$
④-①より, $z=3$

$\begin{array}{r} x+y \\ y+z \\ +\ z+x \\ \hline 2x+2y+2z \end{array}$ （ト, ナッテイル）

x, y, z は対等な役割

（例2） $\begin{cases} 2x+y+z=1 \cdots ① \\ x+2y+z=4 \cdots ② \\ x+y+2z=3 \cdots ③ \end{cases}$

［普通に「1文字消去」でもよいが…．］

①+②+③より, $4(x+y+z)=8$
$\therefore x+y+z=2 \cdots\cdots ④$

①-④より, $x=-1$
②-④より, $y=2$
③-④より, $z=1$

$\begin{array}{r} 2x+\ y+\ z \\ x+2y+\ z \\ +\ x+\ y+2z \\ \hline 4x+4y+4z \end{array}$ （ト, ナッテイル）

x, y, z は対等な役割

▷ 基本性質 5

6-5 方程式から「比」を求める

　定数項がない（定数項=0）
　⇒「比」がわかる

☞ 普通は…
文字（未知数）の数 = 式の数 ⇒ 解ける
文字（未知数）の数 > 式の数 ⇒ 解けない ※
ただし, ※の場合, 定数項がなければ「比」がわかる, ということ.

[1] 2文字・1式

（例1） $3x-2y=0$ $(x \neq 0, y \neq 0)$
$3x=2y$
$\therefore x:y=2:3$

☞ $x=\dfrac{2}{3}y$ より,
$x:y=\dfrac{2}{3}y:y=\dfrac{2}{3}:1=2:3$ （ト, イウコト）

（例2） $5a-2b=3a+b$ $(a \neq 0, b \neq 0)$
$2a=3b$ $\therefore a:b=3:2$

[2] 3文字・2式

（例1） $\begin{cases} 2x-3y+z=0 \\ x+y-z=0 \end{cases}$ （ただし, $x \neq 0, y \neq 0, z \neq 0$）

$\begin{cases} 2x-3y+z=0 \cdots ① \\ x+y-z=0 \cdots\cdots ② \end{cases}$ （とすると…）

①+②より, $3x=2y$ $\therefore x=\dfrac{2}{3}y \cdots\cdots ③$

③を②に代入して, $\dfrac{2}{3}y+y-z=0$ より, $z=\dfrac{5}{3}y \cdots ④$

③, ④より, $x:y:z=\dfrac{2}{3}y:y:\dfrac{5}{3}y=\dfrac{2}{3}:1:\dfrac{5}{3}$
$=2:3:5$

ある1文字で他の2文字を表す（ということ）

$\left.\begin{array}{l} x \to \bigcirc y \\ y \to\ \ y \\ z \to \square y \end{array}\right\}$ のように…

51

(例2) $\dfrac{x+y}{3}=\dfrac{y+z}{4}=\dfrac{z+x}{5}$ (ただし, $x \neq 0$, $y \neq 0$, $z \neq 0$)

$\dfrac{x+y}{3}=\dfrac{y+z}{4}=\dfrac{z+x}{5}=k$ (とする)

$\dfrac{x+y}{3}=k$ より, $x+y=3k$ ……①

$\dfrac{y+z}{4}=k$ より, $y+z=4k$ ……②

$\dfrac{z+x}{5}=k$ より, $z+x=5k$ ……③

①+②+③より, $2(x+y+z)=12k$

$\quad\quad\quad\quad\therefore\ x+y+z=6k$ ……④

④-②より $x=2k$

④-③より $y=k$

④-①より $z=3k$

$\therefore\ x:y:z=2k:k:3k=2:1:3$

$\dfrac{x+y}{○}=\dfrac{y+z}{△}=\dfrac{z+x}{□}=\boxed{k}$ (とする)

$\Downarrow$

$\left.\begin{array}{l}x+y=○k\\y+z=△k\\z+x=□k\end{array}\right\}$ へ

(例3) $2x-y=-2y+2z=z-x$ (ただし, $x \neq 0$, $y \neq 0$, $z \neq 0$)

$\begin{cases}2x-y=z-x &\cdots\cdots①\\-2y+2z=z-x &\cdots②\end{cases}$

①, ②を整理して, $\begin{cases}3x-y-z=0 &\cdots①'\\x-2y+z=0 &\cdots②'\end{cases}$

①'+②'より, $4x-3y=0$, $4x=3y$ より, $x=\dfrac{3}{4}y$ ……③

③を②'に代入して, $\dfrac{3}{4}y-2y+z=0$ より, $z=\dfrac{5}{4}y$ ……④

x, zを y で表す (ということ)

③, ④より, $x:y:z=\dfrac{3}{4}y:y:\dfrac{5}{4}y=\dfrac{3}{4}:1:\dfrac{5}{4}$

$\quad\quad\quad\quad\quad\quad\quad\quad =3:4:5$

▶応用テーマ 5

6-3 連立方程式の応用例① ——同じ解をもつ——

(例) 2つの連立方程式

$\begin{cases}3x+2y=9\\ax-by=2\end{cases}$ $\begin{cases}ax+by=5\\4x+3y=13\end{cases}$

が同じ解をもつとき, 定数 a, b の値を求めよ.

解 $\begin{cases}3x+2y=9 &\cdots①\\ax-by=2 &\cdots②\end{cases}$ $\begin{cases}ax+by=5 &\cdots③\\4x+3y=13 &\cdots④\end{cases}$ (とする)

$\begin{cases}3x+2y=9 &\cdots①\\4x+3y=13 &\cdots④\end{cases}$ ①, ④より, (途中省略)

$x=1$, $y=3$ ……⑤

◀2つの連立方程式が同じ解をもつということは…

$\begin{cases}3x+2y=9 &\cdots\cdots①\\ax-by=2 &\cdots\cdots②\end{cases}$
$\begin{cases}ax+by=5 &\cdots\cdots③\\4x+3y=13 &\cdots\cdots④\end{cases}$

①〜④を満たす x, y は同じであり, その x, y は①, ④の連立方程式の解でもある, ということ.

⑤は②, ③の解でもあるから

$\begin{cases} a\times 1-b\times 3=2 \cdots ②' \\ a\times 1+b\times 3=5 \cdots ③' \end{cases}$ が成り立つ.

これより（途中省略），$a=\dfrac{7}{2}$, $b=\dfrac{1}{2}$

6-4 連立方程式の応用例② ――解 x, y を入れかえる――

（例）　連立方程式 $\begin{cases} 2x+3y=8 \\ ax+y=10 \end{cases}$ の解 x, y の値を入れかえると $\begin{cases} 2x-3y=b \\ x-4y=12 \end{cases}$ の解になるとき，定数 a, b の値を求めよ.

解　（Ⅰ）$\begin{cases} 2x+3y=8 \cdots ① \\ ax+y=10 \cdots ② \end{cases}$　（Ⅱ）$\begin{cases} 2x-3y=b \cdots ③ \\ x-4y=12 \cdots ④ \end{cases}$

（Ⅰ）の x, y を入れかえた（Ⅰ）′

（Ⅰ）′ $\begin{cases} 3x+2y=8 \cdots ①' \\ x+ay=10 \cdots ②' \end{cases}$ と （Ⅱ）$\begin{cases} 2x-3y=b \cdots ③ \\ x-4y=12 \cdots ④ \end{cases}$

の解が一致するのだから，

$\begin{cases} 3x+2y=8 \cdots ①' \\ x-4y=12 \cdots ④ \end{cases}$ より，（途中省略）

$x=4$, $y=-2$ ……………⑤

⑤を②′, ③に代入して，

$4+a\times(-2)=10$ より　$a=-3$

$2\times 4-3\times(-2)=b$ より　$b=14$

← $\begin{cases} 2x+3y=8 \\ ax+y=10 \end{cases}$ の解 x, y が入れかわると $\begin{cases} 3x+2y=8 \\ x+ay=10 \end{cases}$ となり， この解は $\begin{cases} 2x-3y=b \\ x-4y=12 \end{cases}$ の解に一致する，ということ.

（y ↔ x の矢印が上に示されている）

6-5 連立方程式の応用例③ ――係数をまちがえて解く――

（例）　連立方程式 $\begin{cases} 2x+ay=3 \\ 3x+by=4 \end{cases}$ を解くのに，まちがえて $\begin{cases} 2x-ay=3 \\ bx+3y=4 \end{cases}$ を解いたため，$x=\dfrac{13}{8}$, $y=\dfrac{1}{4}$ となった. このとき，正しい解を求めよ.

解　$x=\dfrac{13}{8}$, $y=\dfrac{1}{4}$ は（Ⅱ）$\begin{cases} 2x-ay=3 \\ bx+3y=4 \end{cases}$ の解なので，

$2\times\dfrac{13}{8}-a\times\dfrac{1}{4}=3$ より　$a=1$

$b\times\dfrac{13}{8}+3\times\dfrac{1}{4}=4$ より　$b=2$

（Ⅰ）$\begin{cases} 2x+1\times y=3 \\ 3x+2\times y=4 \end{cases}$ より，$x=2$, $y=-1$

← （Ⅰ）$\begin{cases} ax+by=p \\ cx+dy=q \end{cases}$ をまちがえて（Ⅱ）$\begin{cases} ax-by=p \\ dx+cy=q \end{cases}$ として解いたときの解が $x=\square$, $y=\bigcirc$ ということは…，

$\begin{cases} a\times\square-b\times\bigcirc=p \\ d\times\square+c\times\bigcirc=q \end{cases}$ が成り立つということ.

[7] 不等号・不等式

漢字やひらがなを使って数の大小関係を表現する不便が，不等号によって一挙に解決され，さらに，方程式と同様，大小関係から未知数を求める手順が不等式によって単なる機械的な操作となります．互いに関係する数の関係性が複雑になればなるほど，不等式の有効性は高まり，問題解決に果たす役割が大きくなります．

大小の関係から未知数を求めることができる！

▷基本性質 1

7-1 不等号の使い方

▷数量の大小関係（2個）は，次のように表す．

（例1） x は y より大きい → $x > y$
（例2） x は y 以上 → $x \geqq y$
（例3） x は y より小さい → $x < y$ （「x は y 未満」）
（例4） x は y 以下 → $x \leqq y$

$$x \geqq \square \Rightarrow \begin{bmatrix} x > \square \\ x = \square \end{bmatrix} \text{（または）}$$

$$x \leqq \square \Rightarrow \begin{bmatrix} x < \square \\ x = \square \end{bmatrix} \text{（または）}$$

どちらも $x = \square$ を含む（ということ）

☞「以上」vs「以下」，「○○」vs「未満」…．日本語の不思議ともいえるが，○○にあたる数学用語はない――日常的表現としては，漢字の「超」がこれにあたるが，普通は使用されない――．

☞例えば，$x \geqq 2$ は，「$x > 2$ または $x = 2$」を意味する．
これを，$\begin{cases} x > 2 \\ x = 2 \end{cases}$ と表すことは適切でない．$\begin{cases} \cdots \\ \cdots \end{cases}$ は連立方程式を意味する記号で「$x > 2$ かつ $x = 2$」となり，「解なし」となってしまう．

▷数量の大小関係（3個以上）は，次のように表す．

（例5） x は a より大きく b より小さい → $a < x < b$
（例6） x は a 以上 b 以下 → $a \leqq x \leqq b$
（例7） x は a 以上 b 未満 → $a \leqq x < b$
（例8） a, b, c は1ケタの自然数で，小さい順に a, b, c
　　　→ $1 \leqq a < b < c \leqq 9$ （ただし，a, b, c は自然数）

［表記上の注意］

① 2数の比較 ―― 不等号の向きはどちらでもよい．

　　$\underset{大}{a} > \underset{}{b}, \quad \underset{}{a} < \underset{大}{b}, \quad \underset{大}{x} \geqq -2, \quad \underset{}{x} < \underset{大}{\sqrt{3}}$

② 3数の比較 ―― 不等号は，$<$，$\leqq$ を使う

　　$\underset{小\ 中\ 大}{a < b < c}, \quad \underset{小\quad 大}{3 \leqq x < 5}, \quad \underset{小\quad\quad 大}{\sqrt{3} < n < \sqrt{6}}$

☞ $3 > x > 2$ とは，普通書かない．
　$\underset{小}{\xrightarrow{2 < x < 3}}\underset{大}{}$　（とする）

▷数学の授業の中で「$x>2$」を「x大なり2」とか，「$x≧2$」を「x大なりイコール2」等と表現する先生がいる．まちがっているわけではないが，今は明治時代ではないので，現代にマッチした表現とは言い難く，また「$2≦x<3$」を言い表すのに不便，という理由からも，諸君は上記例1～8のような表現を使うべきである．とくに，最も重要な例7を「○○以上○○未満」とはっきり意識して，不等号表示と言葉(言い表し方)をリンクさせることが必要．

7-2-1 不等式とその解

[1] 「不等式」とは…

不等号(<, >，および等号とセットの≦, ≧)で表された関係(式)を，不等式という．

(例) $\underbrace{\underline{x+1}_{\text{左辺}} < \underline{4}_{\text{右辺}}}_{\text{両辺}}$ ▷不等式の場合も，等式同様，
$\begin{cases} \text{不等号の左側を「左辺」} \\ \text{不等号の右側を「右辺」} \end{cases}$ あわせて「両辺」という．

[2] 解

不等式を成り立たせる文字(たとえばx)の値を，その「不等式の解」という．

(例1) $x+1<4$ 　　　　　　(例2) $x+1<4$ (xは自然数)
　∴ $x<3$ ←解　　　　　　　　∴ $x<3$
　　　　　　　　　　　　　　　　∴ $x=1, 2$ ←解

不等式の解を求めることを「不等式を解く」という．

7-2-2 不等式の性質

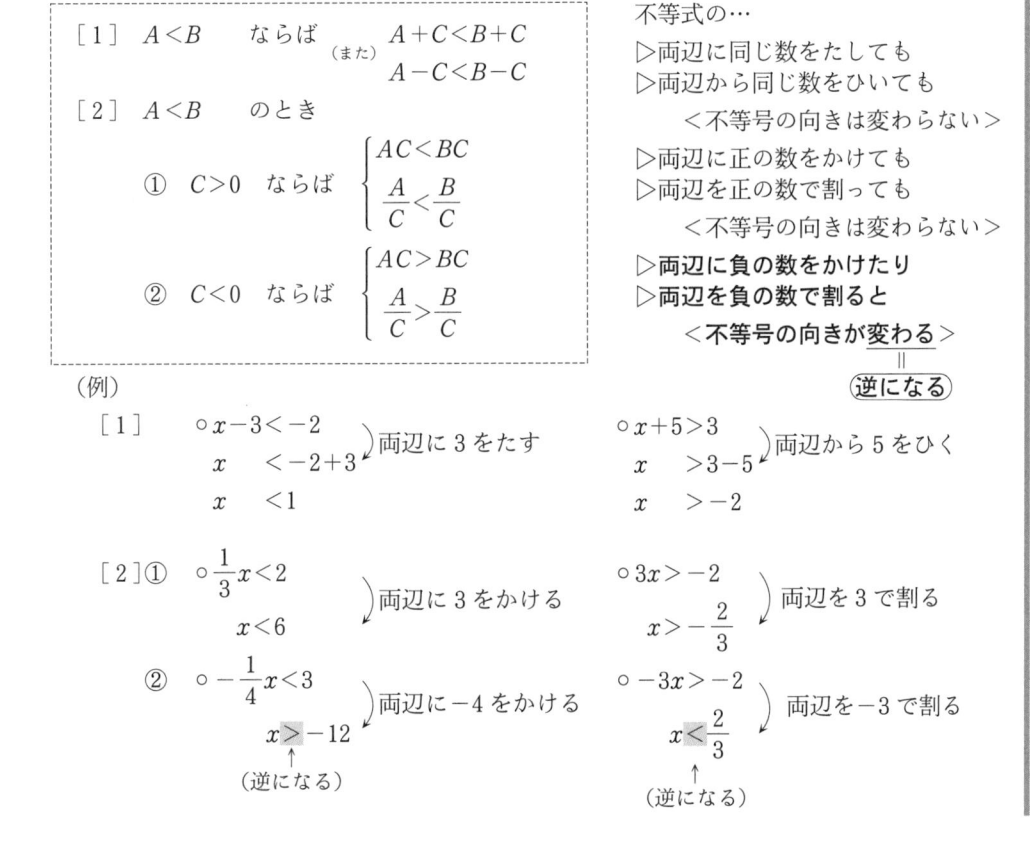

[1] $A<B$ ならば（また）$A+C<B+C$
　　　　　　　　　$A-C<B-C$

[2] $A<B$ のとき

① $C>0$ ならば $\begin{cases} AC<BC \\ \dfrac{A}{C}<\dfrac{B}{C} \end{cases}$

② $C<0$ ならば $\begin{cases} AC>BC \\ \dfrac{A}{C}>\dfrac{B}{C} \end{cases}$

不等式の…
▷両辺に同じ数をたしても
▷両辺から同じ数をひいても
　　<不等号の向きは変わらない>
▷両辺に正の数をかけても
▷両辺を正の数で割っても
　　<不等号の向きは変わらない>
▷**両辺に負の数をかけたり**
▷**両辺を負の数で割ると**
　　<不等号の向きが変わる>
　　　　　　‖
　　　　（逆になる）

(例)

[1] 　○ $x-3<-2$ 　両辺に3をたす　　○ $x+5>3$ 　両辺から5をひく
　　　　$x<-2+3$　　　　　　　　　$x>3-5$
　　　　$x<1$　　　　　　　　　　　$x>-2$

[2]① 　○ $\dfrac{1}{3}x<2$ 　両辺に3をかける　　○ $3x>-2$ 　両辺を3で割る
　　　　$x<6$　　　　　　　　　　　　　　　　$x>-\dfrac{2}{3}$

② 　○ $-\dfrac{1}{4}x<3$ 　両辺に-4をかける　　○ $-3x>-2$ 　両辺を-3で割る
　　　　$x\underset{\uparrow}{>}-12$　　　　　　　　　　　　　$x\underset{\uparrow}{<}\dfrac{2}{3}$
　　　　（逆になる）　　　　　　　　　　　　　（逆になる）

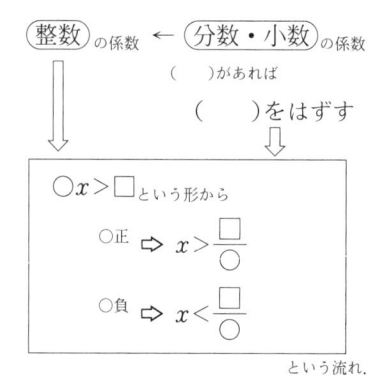

7-2-3 不等式の解き方

[1] 基本型 $ax>b$ ($a\neq 0$)

(例1) $3x<5$
$\qquad x<\dfrac{5}{3}$ ⟩両辺を3で割る

(例2) $3x\geqq -5$
$\qquad x\geqq -\dfrac{5}{3}$ ⟩両辺を3で割る

(例3) $-3x<5$
$\qquad x>-\dfrac{5}{3}$ ⟩両辺を-3で割る

(例4) $-3x\geqq -5$
$\qquad x\leqq \dfrac{5}{3}$ ⟩両辺を-3で割る

▫方程式と同様,「移項」によって x の符号を正にしておけば,負の数で割る(負の数をかける)ことによる「不等号の向きの逆転」は生じない.
しかし,だからといって「移項する」操作を行えば,不等号の向きに関する性質——不等式の両辺に負の数をかけると(両辺を負の数で割ると)不等号の向きが逆になる——は重要性が薄れる,と考えない方がよい.

(例) $-3x<5$
$-5<3x$ ⟩$-3x$を右辺へ
$-\dfrac{5}{3}<x$ ⟩両辺を3で割る

▫不等式の性質 **7-2-2**[1]より
不等式の場合も
[移項する]
という操作が有効とわかる.

[2] 基本型をつくる操作

① 移項する
② ( )をはずす
③ 分数(小数)の係数を整数の係数に直す

▫方程式と同様. **6-2-2**[2]参照.

(例1) $3x-5\leqq 5x+3$

[方法1] $\quad 3x-5\leqq 5x+3$
$\qquad 3x-5x\leqq 3+5$
$\qquad -2x\leqq 8$
$\qquad x\geqq -4$

[方法2] $\quad 3x-5\leqq 5x+3$
$\qquad -5-3\leqq 5x-3x$
$\qquad -8\leqq 2x$
$\qquad -4\leqq x$

(例2) $2(x-1)<3(x+2)$
$\qquad 2x-2<3x+6$ ⟩( )をはずす
$\qquad 2x-3x<6+2$ ⟩xを左辺に,数を右辺に[方法1]
$\qquad -x<8$
$\qquad x>-8$ ⟩両辺に-1をかける(両辺を-1で割る)

(例3) $\dfrac{1}{5}x+2\geqq \dfrac{1}{3}x+\dfrac{4}{3}$
$\qquad 3x+30\geqq 5x+20$ ⟩両辺に15をかける
$\qquad 3x-5x\geqq 20-30$ (以下略)
$\qquad -2x\geqq -10$
$\qquad x\leqq 5$

▫[方法2]では,3行目から
$\qquad 30-20\geqq 5x-3x$
$\qquad 10\geqq 2x$
$\qquad 5\geqq x$ (となる)

整数 の係数 ← 分数・小数 の係数
( )があれば ( )をはずす

$\bigcirc x>\square$ という形から
○正 ⇒ $x>\dfrac{\square}{\bigcirc}$
○負 ⇒ $x<\dfrac{\square}{\bigcirc}$

という流れ.

▶応用テーマ 1

7-1 連立不等式とその解

複数の不等式を組み合わせたものを「連立不等式」といい，それらの不等式の解に共通する(共に満たす)範囲を「連立不等式の解」という.

(例) $\begin{cases} 3x+2 \geqq -4 & \cdots ① \\ 2x-1 < 5 & \cdots ② \end{cases}$

①より $x \geqq -2$, ②より $x < 3$

∴ $-2 \leqq x < 3$

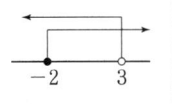

◀共通の範囲がない場合は…
「解なし」
ということになる．

(例) $\begin{cases} x \leqq -2 \\ x > 3 \end{cases}$

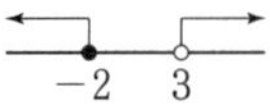

☞数直線で範囲を示す場合は，等号がつく数を●(黒丸)で，つかない数を○(白丸)で表す．

7-2 $A<B<C$ の形の連立不等式

$\underset{ア}{\underline{A<B}}\overset{イ}{\overline{<C}}$ ⇒ $\begin{cases} A<B & \cdots ア \\ B<C & \cdots イ \end{cases}$ (とする)

☞ $\begin{cases} A<B \\ A<C \end{cases}$ または $\begin{cases} A<C \\ B<C \end{cases}$ とするのは誤り．

◀ $\begin{cases} A<B \\ A<C \end{cases}$ や $\begin{cases} A<C \\ B<C \end{cases}$ からは，元の式 $A<B<C$ が出てこない．

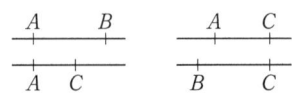

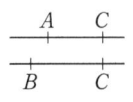

$\begin{array}{cc} A \quad B \\ \hline A \quad\quad C \end{array}$ $\quad$ $\begin{array}{cc} A \quad\quad C \\ \hline B \quad C \end{array}$

ということがありうるから．

▶応用テーマ 2

7-3 和の範囲・差の範囲

[1] 和の範囲

$a<x<b$, $c<y<d$ のとき
⇒ $a+c<x+y<b+d$

(例) $-2<x \leqq 3$, $-1 \leqq y<2$ のとき，

$\begin{array}{r} -2 < x \leqq 3 \\ +)\ -1 \leqq y < 2 \\ \hline -3 < x+y < 5 \end{array}$

[2] 差の範囲(は要注意！)

$a<x<b$, $c<y<d$ のとき
⇒ $a-d<x-y<b-c$

(例) $-2<x \leqq 3$, $2 \leqq y < 5$ のとき，

[誤] $\begin{array}{r} -2 < x \leqq 3 \\ -)\ 2 \leqq y < 5 \\ \hline -4 < x-y < -2 \end{array}$

[正] $-2<x \leqq 3$ ……①
$2 \leqq y<5$ ……②
①+②×(-1)

$\begin{array}{r} -2 < x \leqq 3 \\ +)\ -5 < -y \leqq -2 \\ \hline -7 < x-y \leqq 1 \end{array}$

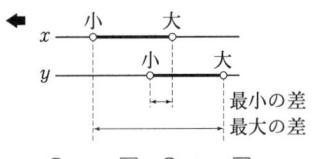

☞この例で $3x-4y$ の範囲を求めるには
①×3+②×(-4)
$\begin{array}{r} -6 < 3x \leqq 9 \\ +)\ -20 < -4y \leqq -8 \end{array}$
とする．

☞右のような計算では，和に等号はつかないことに注意．

$\begin{array}{r} x \leqq 3 \\ +)\ y < 2 \\ \hline x+y < 5 \end{array}$ ⇑

◀ $\begin{array}{c} x \quad\overset{小}{\vdash}\!\!\!-\!\!\!-\!\!\!\overset{大}{\dashv} \\ y \quad\quad\overset{小}{\vdash}\!\!\!-\!\!\!\overset{大}{\dashv} \end{array}$

最小の差
最大の差

$\bigcirc<x<\square$, $\bullet<y<\blacksquare$ のとき

たし算で
$\begin{array}{r} \bigcirc < x < \square \\ +)\ -\blacksquare < -y < -\bullet \\ \hline \bigcirc-\blacksquare < x-y < \square-\bullet \end{array}$

☞右のような計算では，和に等号がつくことに注意．

$\begin{array}{r} x \leqq 3 \\ +)\ -y \leqq -2 \\ \hline x-y \leqq 1 \end{array}$ ⇑

57

[8] 式の展開・因数分解

因数分解は本気で練習せよということね

式の展開の方は，多少複雑になってもできない(分からない)ということはほとんどありません．これに対し，因数分解の方は，まちがえる以前に，できない(分からない)ということが起こる珍しいテーマです．頭の賢さは頼りにならず，一定程度練習を積まないと，複雑な因数分解に対応できるレベルに到達しません．

❖ 式の展開

▷**基本性質** 1

8-1-1　式の展開：「展開」の意味

（ⅰ）　単項式と多項式の積　$\square \times (\square + \square + \cdots)$
（ⅱ）　多項式と多項式の積　$(\square + \square + \cdots) \times (\square + \square + \cdots)$ 　の

（　　）をはずして単項式の和の形にすることを「展開する」という．

8-1-2　式の展開：基本操作

（ⅰ）　基本形　$a(b+c)$　⇨　分配法則を使って展開（p.35 **5-1**⑤参照）
（ⅱ）　基本形　$(a+b)(c+d)$　⇨　分配法則をくり返して展開

$c+d=m$ とすると，

$(a+b)m$　┐
$=am+bm$　┘← 分配法則
$=a(c+d)+b(c+d)$　┐
$=\underset{①}{ac}+\underset{②}{ad}+\underset{③}{bc}+\underset{④}{bd}$　┘← 分配法則

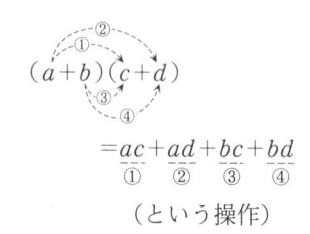

$(a+b)(c+d)$

$=\underset{①}{ac}+\underset{②}{ad}+\underset{③}{bc}+\underset{④}{bd}$

（という操作）

（例）
- $(x+2)(y+3)=xy+3x+2y+6$
- $(x-3)(y-2)=xy-2x-3y+6$
- $(2x+3)(3y-5)=6xy-10x+9y-15$
- $(a-4b)(c+3d)=ac+3ad-4bc-12bd$
- $(3a-2b)(2c-5d)=6ac-15ad-4bc+10bd$

8-1-3　式の展開：公式

[公式その1]　　（Ⅰ）　$(x+a)(x+b)=x^2+(a+b)x+ab$
　　　　　　　（Ⅱ）　$(x+a)^2=x^2+2ax+a^2$
　　　　　　　　　　$(x-a)^2=x^2-2ax+a^2$
　　　　　　　（Ⅲ）　$(x+a)(x-a)=x^2-a^2$

[公式その2]　　（Ⅳ）　$(ax+b)(cx+d)=acx^2+(ad+bc)x+bd$

☞ 最重要公式（Ⅰ）～（Ⅲ）は，（　　）内が2つの項からなる一般形（Ⅳ）に対する特別な例ということになります．
　① 文字による計算の基本だから
　② 次の分野（＝因数分解）の基本となるから
の2つの理由から，特殊な例の方をマスターすべきです．

8-1-4　式の展開：公式の確認（その1）

（Ⅰ）　$(x+a)(x+b) = x^2+bx+ax+ab$
　　　　　　　　　　$= x^2+(a+b)x+ab$

（Ⅱ）　$(x+a)^2 = (x+a)(x+a)$
　　　　　　　　$= x^2+ax+ax+a^2$
　　　　　　　　$= x^2+2ax+a^2$

　　　　$(x-a)^2 = (x-a)(x-a)$
　　　　　　　　$= x^2-ax-ax+a^2$
　　　　　　　　$= x^2-2ax+a^2$

（Ⅲ）　$(x+a)(x-a) = x^2-ax+ax-a^2$
　　　　　　　　　　$= x^2-a^2$

（Ⅳ）　$(ax+b)(cx+d) = ax \times cx + ax \times d + b \times cx + b \times d$
　　　　　　　　　　　$= acx^2+adx+bcx+bd$
　　　　　　　　　　　$= acx^2+(ad+bc)x+bd$

☞（Ⅰ）～（Ⅲ）の中で頻出の展開ミスは $(x+a)^2 = x^2+a^2$ とするもの．（マチガイ）

　図からもわかるとおり，x^2 と a^2 のほかに ax が2個あります．

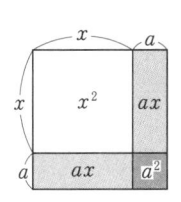

8-1-5　式の展開：ポイント

[ポイント その1]　（Ⅰ）　$(x+a)(x+b) = x^2+(a+b)x+ab$ について

（例）　① $(x+3)(x+2) =$
　　　② $(x-5)(x+3) =$
　　　③ $(2x+1)(2x+3) =$
　　　④ $(3a+2)(3a-5) =$

〈次のように頭の中で…〉

① $(x+3)(x+2)$　　＝　$x^2 \boxed{+5} x \boxed{+6}$
　　　┌─3と2で（たして）─┘
　　　└─3と2で（かけて）─┘

② $(x-5)(x+3)$　　＝　$x^2 \boxed{-2} x \boxed{-15}$
　　　┌─−5と3で（たして）─┘
　　　└─−5と3で（かけて）─┘

③ $(\underline{2x}+1)(\underline{2x}+3)$　　＝　$4x^2 \boxed{+8} x+3$
　　　　　　　　　　　　　　　2xが，1+3=4（個）あるから…
　　〔2xをカタマリと見て〕

④ $(\underline{3a}+2)(\underline{3a}-5)$　　＝　$9a^2 \boxed{-9} a-10$
　　　　　　　　　　　　　　　3aが，2−5=−3（個）あるから…
　　〔3aをカタマリと見て〕

☞ 教科書やほとんどの参考書が
① →
$= x^2+(+3+2)x+3\times 2 = \cdots$
② →
$= x^2+(-5+3)x+(-5)\times 3 = \cdots$
というように，公式どおりの一行程を途中に入れていますが，みなさんには，この行程を頭の中で処理することを，すすめます．次の分野での本格操作の準備をすべきだからです．

59

[ポイントその2] （Ⅱ） $\left.\begin{array}{l}(x+a)^2=x^2+2ax+a^2\\(x-a)^2=x^2-2ax+a^2\end{array}\right\}$ について

▷符号の構造

$(x+a)^2=x^2+2ax\ \boxed{+}\ a^2$ （つねに）

$(x-a)^2=x^2-2ax\ \boxed{+}\ a^2$ （プラス）

▷1次の項

$\underset{前\ 後}{(x+a)^2}=x^2+\underset{前\times後\times2}{2ax}+a^2$

$\underset{前\ 後}{(x-a)^2}=x^2-\underset{前\times後\times2}{2ax}+a^2$

☞符号の「前」×「後」の2倍, ということです．

（例） ① $(x+3)^2=x^2+6x+9$

② $(x-4)^2=x^2-8x+16$

③ $(3x-2)^2=\underset{(3x)^2}{9x^2}\ \underset{}{-12x}+4$

$\begin{cases}\circ まず符号は-で, 3x\times2\times2 だから 12x \cdots ア\\ \circ 3x\times(-2)\times2 だから-12x \cdots イ\end{cases}$ どちらでもよい．

④ $(4a-3b)^2=\underset{(4a)^2}{16a^2}\ \underset{\sharp}{-24ab}\ \underset{(-3b)^2}{+9b^2}$

$\sharp \begin{cases}-4a\times3b\times2 だから（ア）\\ 4a\times(-3b)\times2 だから（イ）\end{cases}$ どちらでもよい．

[ポイントその3] （Ⅲ） $(x+a)(x-a)=x^2-a^2$ について

☞ $(a+b)(a-b)=a^2-b^2$
　　　　和　　差

〈和と差の積〉は → 「平方の差」と読む

（例） ① $(x+3)(x-3)=x^2-9$

② $(x-4)(x+4)=x^2-16$

③ $(3x+4)(3x-4)=9x^2-16$

④ $(2a+3b)(2a-3b)=4a^2-9b^2$

[ポイントその4] －で連結された式

（例） ① $(x-3)^2-\underline{(x-2)(x+5)}$
$=x^2-6x+9\underline{-(x^2+3x-10)}$
$=x^2-6x+9-x^2-3x+10$
$=-9x+19$

Step 1 ――を－（　）の中で展開
Step 2 ----で,（　）をはずす

（マイナス）をつけた（　）

② $(x+2)(x-5)-2\underline{(x-3)^2}$
$=x^2-3x-10-2\underline{(x^2-6x+9)}$
$=x^2-3x-10-2x^2+12x-18$
（以下略）

Step 1 ――を－2（＿＿）の（　）内で展開
Step 2 ----で,（　）をはずす

③ $(a+3)(a-3)-2(a+1)(a-4)$
$=a^2-9-2(a^2-3a-4)$
（以下略）

☞ $\left.\begin{array}{l}\boxed{\ }-(\ )(\ )\\ \boxed{\ }-\bigcirc(\ )(\ )\end{array}\right\}$ などの展開は

――の展開と～～をかける処理を分けて, 2段階で行うことをすすめます．

▶応用テーマ **1**

8-1 「おきかえ」による展開：基本型(タイプ)

(例1) $(\underline{x+y}+z)^2 \qquad x+y=a$ (とする)
$= (a+z)^2$
$= a^2+2az+z^2$
$= (x+y)^2+2(x+y)z+z^2$
$= x^2+2xy+y^2+2xz+2yz+z^2$

◀「おきかえ」に使う文字は、なるべくいつも同じ文字にして、
$= a^2+2az+z^2$ (で作業終了)
　　　　　↑おきかえた文字
などのミスを減らすこと．つまり、自分専用のおきかえ文字を見れば、そこでストップすることはない…というようにすること．

(例2) $(\underline{x-y}+z)(\underline{x-y}-z) \qquad x-y=k$ (とする)
$= (k+z)(k-z)$
$= k^2-z^2$
$= (x+y)^2-z^2$
$= x^2-2xy+y^2-z^2$

(例3) $(x+y-z)(x-y-z) \qquad x-z=m$ (とする)
$= (\underline{x-z}+y)(\underline{x-z}-y)$
$= (m+y)(m-y)$
$= m^2-y^2$
$= (x-z)^2-y^2$
$= x^2-2xz+z^2-y^2$

◀前の( )内の $y-z$ を m とすると、後の( )内の $-y-z$ を m で表すことができないので、おきかえ不能となる．

(例4) $(x+y-z)(x-y+z)$
$= \{x+(\underline{y-z})\}\{x-(\underline{y-z})\} \quad y-z=A$ (とする)
$= (x+A)(x-A)$
$= x^2-A^2$
$= x^2-(y-z)^2$
$= x^2-(y^2-2yz+z^2)$
$= x^2-y^2+2yz-z^2$

◀
$-a+b$ と $a-b$
‖
$-(a-b)$
の関係！
▷ $-x+y = -(x-y)$
▷ $-4a+6 = -2(2a-3)$
（など）

8-2 「おきかえ」による展開：応用型(タイプ)

(例1) $(x+1)^2(x-1)^2$ | $(x+1)^2(x-1)^2$
$= \{(x+1)(x-1)\}^2$ | $= (\underline{x^2+2x}+1)(\underline{x^2-2x}+1)$
$= (x^2-1)^2$ | $= (x^2+1+2x)(x^2+1-2x)$
$= x^4-2x^2+1$ | （以下略）

◀ $= (x^2+2x+1)(x^2-2x+1)$ とすると、行程が増える（8-1の例3と同じタイプ）．

(例2) $(x+1)(x+2)(x+3)(x+4)$
$= \underline{(x+1)(x+4)}\cdot\underline{(x+2)(x+3)}$
$= (\underline{x^2+5x}+4)(\underline{x^2+5x}+6) \quad x^2+5x=k$ (とする)
$= (k+4)(k+6)$
$= k^2+10k+24$
$= (x^2+5x)^2+10(x^2+5x)+24$
$= x^4+10x^3+25x^2+10x^2+50x+24$
$= x^4+10x^3+35x^2+50x+24$

◀「おきかえ」可能な形をさがし出す．

❖ 因数分解

> **基本性質 2**

8-2-1 因数分解:「因数分解」の意味

因数:$c=ab$ のとき——c が a と b の積で表されるとき——,
a および b を,c の「因数」という.

○ $z=xy$ ……… x, y は z の因数 ⇦ あくまで「積」をつくるものであるとき

○ $\left.\begin{array}{l}z=x+y \\ z=x-y\end{array}\right\}$ … ~~x, y は z の因数~~

○ $x^2+5x+6=(x+2)(x+3)$ のとき,$x+2$, $x+3$ は因数

因数分解:多項式を 2 つ以上の式(=因数)の積の形にする(こと)
——展開と逆の操作——　　　　　　　かけ算

$$\underbrace{(x+2)(x+3)}_{\text{展開}} \overset{\text{因数分解}}{=} x^2+5x+6 \qquad (x+2)(x+3) \rightleftarrows x^2+5x+6$$
　　　　　　　　　　　　　　　　　　　　　　　　　　　　　(展開)
　　　　　　　　　　　　　　　　　　　　　　　　　　　　　(因数分解)

☞「因数分解する」=「かけ算の形にする」ということです.
因数分解を初めて学ぶ段階では,とにかく「かけ算(積)」の形にせよ,という指令が下されるのですが,なぜ「かけ算(積)」の形にするのかは,2 次方程式を学ぶ段階で明らかになります.

8-2-2 因数分解:基本用語「共通因数」

共通因数:2 つ以上の項の共通因数

(例 1)　$2x+6y$ → 共通因数 2
　　　　　　↑
　　　　　　2×3

(例 2)　$ab+ac$ → 共通因数 a

(例 3)　$-6x^2y+8xy^2$ → 共通因数 $2xy$
　　　　　↑　　　　↑
　　　$-2\times 3\times x\times x\times y$　$2\times 2\times 2\times x\times y\times y$

(例 4)　x^2-3x → 共通因数 x

(例 5)　$c(a-b)-a+b$ → 共通因数 $a-b$
　　　　　　　　‖
　　　　　　$-(a-b)$

☞ $-a+b$ を見たら,$-()$ という形が見えることが重要.

・$-x+y=-(x-y)$	$a-2b=3$ のとき,
・$-2x+3y=-(2x-3y)$	$-a+2b=\boxed{?}$
・$-6x+9y=-3(2x-3y)$	$\downarrow$
	$-a+2b=-(a-2b)=-3$
	ということです.

Memo
〈展開 expansion〉
　expand 広げる・拡大させる,
　発展(展開)させる
〈因数分解 factorization〉
　factor(米), factorize(英)
　　因数分解する
　factor 要素,要因,因数
☞「分解」という内容はどこにもなく,一つ一つの要素・因数に分けるという意味です.

8-2-3 因数分解：基本操作

Step 1 共通因数があるか？

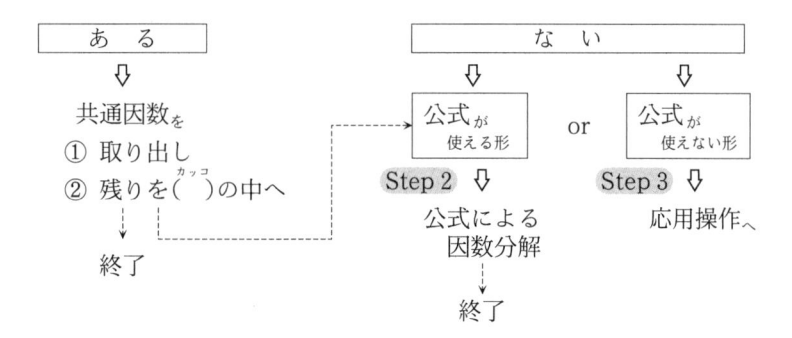

```
    ある                    な い
     ↓              ↓            ↓
  共通因数を      公式が         公式が
  ① 取り出し     使える形   or   使えない形
  ② 残りを(カッコ)の中へ
     ↓          Step 2 ↓      Step 3 ↓
    終了        公式による     応用操作へ
                因数分解
                  ↓
                 終了
```

Step 1：**共通因数**を取り出して( )でくくる

(例 1)　$4a^2b - 6ab^2 = 2ab(2a - 3b)$
　　　　　　　　　　　　共通因数

(例 2)　$x^2 - 3x = x(x - 3)$
　　　　　　　　　　共通因数

(例 3)　$3x^2 - 6x - 12 = 3(x^2 - 2x - 4)$
　　　　　　　　　　　　共通因数

(例 4)　$6a^2 - 12a + 18 = 6(a^2 - 2a + 3)$
　　　　　　　　　　　　共通因数

☞ 知っている人にとっては何でもない操作ですが，$4a^2b - 6ab^2$ という式をいきなり「かけ算の形の式に変形せよ」と言われても，困ってしまいます．
〈共通因数〉を使ったこの操作は，画期的？

[**要注意**その1]　仮に… $6a^2 - 12a + 18 = 2(\underline{3}a^2 - \underline{6}a + \underline{9})$ としてしまったら…
　ポイント①　( )にまだ　　　$= 2 \times 3(a^2 - 2a + 3)$
　　　　　　共通因数が　　　$= 6(a^2 - 2a + 3)$ とする
　　　　　　ある
　　　　　　‖
　　因数分解が完了していないということ

　ポイント②　共通因数は…
　　　　　　〈最大の数・最高次数の文字で〉
　　　　　　$12a^3b^2 - 18a^2b^3 \rightarrow \times\ 2(6a^3b^2 - 9a^2b^3)$
　　　　　　　　　　　　　　　　$\rightarrow \times\ a^2b^2(12a - 18b)$
　　　　　　　　　　　　　　　　$\rightarrow \times\ 3ab(4a^2b - 6ab^2)$
　　　　　　　　　　　　　　　　$\rightarrow \bigcirc\ 6a^2b^2(2a - 3b)$
　　　　　　　　　　　　　　　　　　　　共通因数

[**要注意**その2]　$x^2 - 3x + 1 = x(x - 3) + 1$ ← イミなし！
　ポイント①　共通因数というのは，定数項も含めた全パーツに共通な因数のこと．x は，全パーツに共通な因数ではない．
　　　　　②　$x(x - 3) + 1$ …かけ算の形をつくれていない．
　　　　　　　　かけ算
　　　　　　　　　　たし算

☞ 12 の素因数分解は…
　$12 = 2^2 \times 3$　○
　$12 = 2^3 + 2^2$　×
　　$= 2 \times 5 + 2$　×
　　　　⋮
素数の積(かけ算)の形にする
　　　　というのと同じ．

Step 2：**公式**を使う

> [Ⅰ]　$x^2+(a+b)x+ab=(x+a)(x+b)$
> [Ⅱ]　$a^2+2ab+b^2=(a+b)^2$
> 　　　$a^2-2ab+b^2=(a-b)^2$
> [Ⅲ]　$a^2-b^2=(a+b)(a-b)$

[Ⅰ]　$x^2+(a+b)x+ab$ タイプ

　（例1）　x^2+5x+6 　　　　　　$=(x+2)(x+3)$
　　　　　$\begin{cases} たして　+5 \\ かけて　+6 \end{cases}$ になる2数　→　$+2$ と $+3$

　（例2）　x^2-5x+6 　　　　　　$=(x-2)(x-3)$
　　　　　$\begin{cases} たして　-5 \\ かけて　+6 \end{cases}$ になる2数　→　-2 と -3

　（例3）　x^2+5x-6 　　　　　　$=(x+6)(x-1)$
　　　　　$\begin{cases} たして　+5 \\ かけて　-6 \end{cases}$ になる2数　→　$+6$ と -1

　（例4）　x^2-5x-6 　　　　　　$=(x-6)(x+1)$
　　　　　$\begin{cases} たして　-5 \\ かけて　-6 \end{cases}$ になる2数　→　-6 と $+1$

☞ たして+5になる整数の組は無数にある．かけて+6になる組は…
右の4組で，このうち，たして+5になる組は…，ということになる.

1	6
2	3
-1	-6
-2	-3

　符号の構造
　　　プラス　　　　　プラス
　　　⇩　　　　　　　⇩
　$x^2+5x+6=(x+□)(x+□)$
　$x^2-5x+6=(x-□)(x-□)$
　　⇧　　　　　　　　⇧
　マイナス　　　　　マイナス

　　　　　　　　　　プラスとマイナス
　$x^2+5x-6=(x+○)(x-○)$
　$x^2-5x-6=(x+○)(x-○)$
　　　　　　　　　　プラスとマイナス

[Ⅱ]　$a^2+2ab+b^2$
　　　$a^2-2ab+b^2$ タイプ

　（例1）　$x^2+6x+9=(x+3)^2$
　（例2）　$x^2-8x+16=(x-4)^2$
　（例3）　$a^2-12ab+36b^2=(a-6b)^2$
　（例4）　$9a^2-24ab+16b^2=(3a-4b)^2$

［要注意］ $x^2+6x+9=(x+3)(x+3)$
　　　　　　　　　　$=(x+3)^2$
☞ aa を a^2 とするのと同じ.

[Ⅲ]　a^2-b^2 タイプ

　（例1）　$x^2-9=(x+3)(x-3)$
　（例2）　$x^2-25=(x+5)(x-5)$
　（例3）　$x^2-36y^2=(x+6y)(x-6y)$
　（例4）　$16x^2-25y^2=(4x+5y)(4x-5y)$

Step 1＋Step 2

　（例1）　$x^3-x^2-6x=x(x^2-x-6)$　　← まず，共通因数を（ ）の前へ
　　　　　　　　　　　$=x(x-3)(x+2)$　　←------を因数分解
　（例2）　$a^4-a^2b^2=a^2(a^2-b^2)$　　←
　　　　　　　　　　　$=a^2(a+b)(a-b)$　←　（同上）

▶応用テーマ❷

8-3 因数分解・応用操作①

㋕＝カタマリ（です）

Step 3 ^{その1}　一度展開する（バラす）

（例1）　$x(x-1)-6$
$= x^2-x-6$
$=(x-3)(x+2)$

一度（ ）をはずす

（例2）　$(x+3)(x-3)-4(x-1)$
$= x^2-9-4x+4$
$= x^2-4x-5$
$=(x-5)(x+1)$

一度（ ）をはずす

Step 3 ^{その2}　カタマリをおきかえる（1）

（例1）　$(x-y)^2-3(x-y)$
$= a^2-3a$
$= a(a-3)$
$=(x-y)(x-y-3)$

$x-y=a$ とする

（例2）　$(a+b)^2-4(a+b)-12$
$= k^2-4k-12$
$=(k-6)(k+2)$
$=(a+b-6)(a+b+2)$

$a+b=k$ とする

Step 3 ^{その3}　カタマリをおきかえる（2）

（例1）　$x^2+2xy+y^2-3x-3y-10$
$=(x+y)^2-3(x+y)-10$
$= a^2-3a-10$
$=(a-5)(a+2)$
$=(x+y-5)(x+y+2)$

㋕を因数分解
$x+y=a$ とする

（例2）　$x^2-xz+xy-yz$
$= x(x-z)+y(x-z)$
$= xA+yA$
$= A(x+y)$
$=(x-z)(x+y)$

㋕を因数分解
$x-z=A$ とする

（例3）　$x^2+3xy-3x-6y+2$
$= x^2-3x+2+3xy-6y$
$=(x-2)(x-1)+3y(x-2)$
$= A(x-1)+3yA$
$= A\{(x-1)+3y\}$
$=(x-2)(x-1+3y)$

㋕ごとに分ける
㋕を因数分解
$x-2=A$ とする

◀応用操作は…
〈工夫して〉
　Step 1：共通因数
　Step 2：公式
を使うことができるような形を導くということです．

◀おきかえが〈可能か否か〉

● $\underset{k}{\underline{a+b}}$ と $\underset{-(\underline{a+b})}{-a-b}$ → ○
　　　　　　　　　　$\underset{k}{}$

● $\underset{A}{\underline{a-b}}$ と $\underset{-(\underline{a-b})}{-a+b}$ → ○
　　　　　　　　　　$\underset{A}{}$

● $\underline{a-b}$ と $\underline{-a-b}$ → ×
　　└─ 同じ ─┘
　　　　と
　　　するのは
　　　誤り
　前は $\underline{a-b}$
　後は $\underline{-a-b}$ ）ちがう！

◀ $x^2-xz+xy-yz$
$= x^2+xy-xz-yz$
$= x(x+y)-z(x+y)$
$=$（以下略）
とすることもできます．

◀5つのパーツを
　$\begin{cases} どの3個セット \\ どの2個セット \end{cases}$ に…
という判断が必要です．

65

☞ かたまりをつくる(グループ化する)場合────────
　　タイプA) 共通因数がある形
　　タイプB) 公式を使える形
タイプAかタイプBのどちらかのタイプが出てこないと意味がありません．
(例)　$a^2-ac+ab-bc$ を $a(a-c+b)-bc$ とする変形．
　この変形そのものはまちがってはいませんが，AでもBでもなく，有効なグループ化ではない，ということになります．
　このように，次に進めないグループ化をしてしまったと分かった場合，つまり，ペアリングに失敗した場合，最初の式にもどるしかありません．上の式の場合，
　　・$a^2-ac+ab-bc=a(a-c)+b(a-c)=\cdots$
　　・$a^2-ac+ab-bc=a(a+b)-c(a+b)=\cdots$
のように，別のグループ化(ペアリング)を試みます．

▶応用テーマ3

8-4 因数分解：応用操作②

Step 3 その4　一文字で整理する

(例1 ①)　$x^2-4x+2xy-6y+3$
　　$=x^2-(4-2y)x-6y+3$　　　xで整理
　　$=x^2-(4-2y)x-3(2y-1)$　　──部分を因数分解
　　$=\{x\pm3\}\{x\mp(2y-1)\}$　　　符号を決定
　　$=(x-3)(x+2y-1)$　　　　　(たして──となるように)

(例1 ②)　$x^2-4x+2xy-6y+3$
　　$=(2x-6)y+x^2-4x+3$　　　yで整理
　　$=2(x-3)y+(x-3)(x-1)$　　──部分を因数分解
　　$=2Ay+A(x-1)$　　　　　　$x-3=A$ とする
　　$=A(2y+x-1)$
　　$=(x-3)(2y+x-1)$

　☞「一文字で整理」という方法を用いずに…

(例1 ③)　$x^2-4x+2xy-6y+3$　　2つのカタマリ
　　$=x^2-4x+3+2xy-6y$　　　に分ける
　　$=(x-3)(x-1)+2y(x-3)$
　　$=(x-3)(x-1+2y)$

として，因数分解を完了させることも可能．

①〜③の作業を分類すると…
　③　…グループ(カタマリ)に分ける
　　　⇨ 因数分解 Step 1(**8-2-3**)へ
　①②…一文字で整理する
　　　⇨ 因数分解 Step 2(**8-2-3**)へ

◂　　　　かけ算の形
　$x^2+\boxed{}x+\boxed{ア}\cdot\boxed{イ}$
　　　　　　(正)
　$=\{x+\boxed{ア}\}\{x+\boxed{イ}\}$　どちらか
　$=\{x-\boxed{ア}\}\{x-\boxed{イ}\}$

　$x^2+\boxed{}x-\boxed{ア}\cdot\boxed{イ}$
　　　　　　(負)
　$=\{x+\boxed{ア}\}\{x-\boxed{イ}\}$　どちらか
　$=\{x-\boxed{ア}\}\{x+\boxed{イ}\}$

◂ わかれば，$x-3=A$ という操作(おきかえ)なしに，3行目の式からいきなり6行目へ．

(例2 ①) $\underline{x^2y}_{ア}-\underline{x^2z}_{イ}+\underline{y^2z}_{ウ}-\underline{xy^2}_{エ}$ ┐ グループ化
$=xy(x-y)-z(x^2-y^2)$ (ア・エとイ・ウ)
$=xy(x-y)-z(x+y)(x-y)$ ┐ $x-y=A$ とする
$=xyA-z(x+y)A$
$=A\{xy-z(x+y)\}$
$=(x-y)(xy-xz-yz)$

☞ ア・イとウ・エでは…
  $=x^2(y-z)+y^2(z-x)$ → コノ先ニ進メズ
  ア・ウとイ・エでは…
  $=y(x^2+yz)-x(xz+y^2)$ → コノ先ニ進メズ

(例2 ②) $x^2y-x^2\underline{z}+y^2\underline{z}-xy^2$ ┐ z で整理
$=-(x^2-y^2)z+xy(x-y)$
$=-z(x-y)(x+y)+xy(x-y)$
$=-z(x+y)A+xyA$
$=A\{-z(x+y)+xy\}$
$=(x-y)(-xz-yz+xy)$

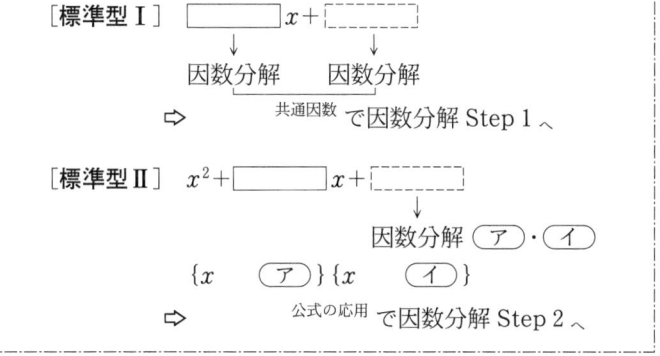

[まとめると…]
┌─最低次数の─
│ 1文字で整理して…
└─────────

[標準型Ⅰ] □$x+$┆┄┄┆
         ↓   ↓
       因数分解   因数分解
       └─────────┘
  ⇨ 共通因数 で因数分解 Step 1 へ

[標準型Ⅱ] x^2+□$x+$┆┄┄┆
              因数分解 ア・イ
  $\{x$ ア $\}\{x$ イ $\}$
  ⇨ 公式の応用 で因数分解 Step 2 へ

◀ グループ化の相手は…

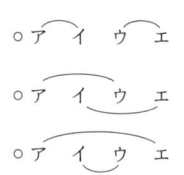

 ○ア イ ウ エ (ア-エ, イ-ウ)
 ○ア イ ウ エ (ア-ウ, イ-エ)
 ○ア イ ウ エ (ア-イ, ウ-エ)

次のステップへ進むことができるかどうかで決まる──組み合わせてみないとわからない.

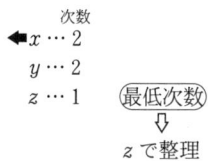

         次数
◀x…2
 y…2
 z…1 最低次数
         ↓
       z で整理
②は、2行目で先が見える状態をつくることができた….

▶応用テーマ **4**
8-5 **因数分解：たすきがけ**

(例1) $2x^2-5x-3$
  → $(2x\ \ )(x\ \ )$
     +1   -3   ア ┐
     -1   +3   イ │ 和が-5
     +3   -1   ウ │ になるのは
     -3   +1   エ ┘ ア
  $=(2x+1)(x-3)$

◀次のような筆算(たすき状にかけること)から「たすきがけ」といわれる.
  係数のみで表すと…
   ア   イ
   2 ╳ +1   2 ╳ -1
   1   -3   1   +3
   ───────   ───────
   1   -6   -1   +6
   $(1-6=-5)$○ $(-1+6=5)$×

67

(例2)　$3x^2+7x-6$
　　　→ $(3x\quad)(x\quad)$

1	6	
2	3	
3×	2	} ※
6×	1	
+1	−6	ア
−1	+6	イ 　和が+7
+2	−3	ウ　 になるのは
−2	+3	エ　　　エ

　　　$=(3x-2)(x+3)$

(例3)　$2x^2-xy-y^2-5x+2y+3$
　　$=2x^2-(y+5)x-(y^2-2y-3)$ 　] x で整理
　　$=2x^2-(y+5)x-(y-3)(y+1)$
　　$=\{2x\quad\quad\}\{x\quad\quad\}$

$+(y-3)$	$-(y+1)$	ア
$-(y-3)$	$+(y+1)$	イ 　和が
$+(y+1)$	$-(y-3)$	ウ　 $-y-5$ に
$-(y+1)$	$+(y-3)$	エ　 なるのは　ア

　　$=(2x+y-3)(x-y-1)$

☞ $\underline{2x^2-xy-y^2}$ $\underline{-5x+2y}$ $\underline{+3}$ を，2次，1次，定数の部分で
　グループ分けすると…
　　$=(2x+y)(x-y)\underline{-5x+2y+3}$　となり，
　　$=\{(2x+y)\quad\}\{(x-y)\quad\}$

+1	+3
−1	−3
+3	+1
−3	−1

　として，たすきがけより，
　　$(2x+y)$　　-3 → $-3x+3y$
　　$(x-y)$　×　-1 → $\underline{-2x-y}$
　　　　　　　　　　　　$-5x+2y$
　　$=(2x+y-3)(x-y-1)$

[再び，ここでまとめると…]
前ページの2つの標準型に加えて，例3を応用型として，
▷ [**標準型Ⅰ**]
▷ [**標準型Ⅱ**]
▷ [**応用型**]＝[標準型Ⅱ]＋[たすきがけ]
とすることができる．

　　　　□x^2+□$x+$□
　　　　　　　↓
　　　　　　因数分解
　　　　　　（ア・イ）

　　　⇨ たすきがけへ

◀ ※を最初から除外するのがポイント．$3x^2+7x-6$ に共通因数はない．
　○ $(3x\quad3)(x\quad2)$
　　$=3(x\quad1)(x\quad2)$ ……ⅰ
　○ $(3x\quad6)(x\quad1)$
　　$=3(x\quad2)(x\quad1)$ ……ⅱ
ⅰ，ⅱとも，共通因数3をもつ式ということになる．

2　　　$(y-3)$ → 　$y-3$
1　×　$-(y+1)$ → $\underline{-2y-2}$
　　　　　　　　　　　$-y-5$

◀ $2x^2-xy-y^2$ を1つのカタマリとして，これを因数分解（＝積の形に）しておくことが前提．それをしておかないと，先が見えない．

▶応用テーマ 5

8-6 因数分解：その他の応用

（例1） $(x-2)(x-3)(x+4)(x+5)-60$
 $=(x-2)(x+4)(x-3)(x+5)-60$
 $=(x^2+2x-8)(x^2+2x-15)-60$ $x^2+2x=A$ とする
 $=(A-8)(A-15)-60$
 $=A^2-23A+120-60$
 $=A^2-23A+60$
 $=(A-20)(A-3)$
 $=(x^2+2x-20)(x^2+2x-3)$
 $=(x^2+2x-20)(x-1)(x+3)$

☞ $x^2+2x-8=K$ として，$K(K-7)-60=\cdots$
 とすることも可能．いずれにしても…，
 4次の式を完全に展開してしまわない，というのがポイント．おきかえを利用して，2次の形を保つ．
 ［例］ $(x^2-3x-3)(x^2+x-3)-5x^2$ を
  方法Ⅰ　$x^2-3x-3=k$ として，
   $=k(k+4x)-5x^2$　とする．
  方法Ⅱ　$x^2-3=t$ として，
   $=(t-3x)(t+x)-5x^2$　とする．

（例2）　x^4+4
 $=(x^2+2)^2-4x^2$　　⎤ 平方の差をつくる
 $=(x^2+2)^2-(2x)^2$　　⎦
 $=(x^2+2+2x)(x^2+2-2x)$

（例3）　$x^4+3x^2-2xy-y^2+4$
 $=x^4+3x^2+4-2xy-y^2$　　⎤ 平方の差をつくる
 $=(x^2+2)^2-x^2-2xy-y^2$　　⎦
 $=(x^2+2)^2-(x^2+2xy+y^2)$
 $=(x^2+2)^2-(x+y)^2$
 $=\{(x^2+2)+(x+y)\}\{(x^2+2)-(x+y)\}$
 $=(x^2+2+x+y)(x^2+2-x-y)$

☞ 因数分解の公式（**8-2-3**）の1つ
　$x^2-a^2=(x+a)(x-a)$　は
　$a^2-b^2=(a+b)(a-b)$　としても同じ．
　この式は――2数の――
　〈平方の差〉＝和×差　つまり
　「平方の差は和と差の積になる」ということを意味する．
　⇨〈平方の差〉は因数分解できる！ ということ．

◀このままでは，
・共通因数 … なし
・公式 … 使えない
ので，
グループに分けておきかえを使うにしても，一文字で整理するにしても，（ ）をはずさないと前進できない．

◀x^4+4 の因数分解？
未経験の人が答えにたどりつくとすれば…
［発想(着眼のポイント)］
Ⅰ．共通因数…なし
　公式…使えない
Ⅱ．グループ分け ⎫
　一文字で整理 ⎬…ダメ
Ⅲ．公式の中に
　$a^2-b^2=(a+b)(a-b)$
　〈平方の差〉は因数分解できるというのがあった…．
Ⅳ．x^4+4 を
　（　）^{2}－（　）^{2} という形にできないか…トイウナガレ．

◀(例3)は，原則どおり次数の低い y で整理することによって x^4+3x^2+4 というカタマリを発見し，この部分を(例2)の類題として因数分解する…という流れで解決することも可能．

[9] 2次方程式

解の公式は完璧に覚える そして & 使う

2次方程式の登場によって，数学の世界が一気に広がります．特に，関数および図形の分野で，1次の世界にはなかった新たな数学的性質を学ぶことになります．中学数学における唯一の「公式」といってよい解の公式については，確実に覚え，何度使ってもまちがえないというレベルに達するまで，練習を重ねます．

▷基本性質 1

9-1-1 2次方程式の一般形

$ax^2+bx+c=0$ （$a \neq 0$） … 一般形(普通の形)

2次式 ← <2次の項・1次の項・定数項>から成っている

普通の2次方程式は 2つの解をもつ

☞ 普通でない(解が1つしかない)2次方程式については p.71 の例3参照．

9-1-2 2次方程式の解き方 その1

[I] $ax^2 = b$ （$a \neq 0$）というタイプ

$x^2 = \dfrac{b}{a}$ ← 両辺を a で割る

∴ $x = \pm\sqrt{\dfrac{b}{a}}$ ← x は $\dfrac{b}{a}$ の平方根(2つある)

(例1) $x^2 = 16$
$x = \pm 4$ ☞ $x = 4, -4$ とも書く．
↑このカンマは「または」を表す．

(例2) $x^2 = 5$
$x = \pm\sqrt{5}$

(例3) $4x^2 = 3$
$x^2 = \dfrac{3}{4}$
$x = \pm\dfrac{\sqrt{3}}{2}$

(例4) $\dfrac{1}{3}x^2 = 2$
$x^2 = 6$ ← 両辺に3をかける
$x = \pm\sqrt{6}$

☞ 方程式を解き進めていくときの書き方に関する注意．

(例3)のように…．
$4x^2 = 3$
$x^2 = \dfrac{3}{4}$
$x = \pm\dfrac{\sqrt{3}}{2}$

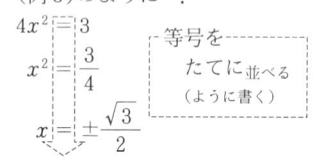

等号をたてに並べる(ように書く)

ノートや答案の式がたてに長くなるが，右側にできる余白は無駄と考える必要はない．受験参考書の解答ページなどに，解を求めるための式の計算を横に並べて書いてあるものもあるが，スペース省略のため便宜上そうしているのであって，受験生諸君が真似るべきではない．

[Ⅱ] $(ax+b)^2 = c$ $(a \neq 0)$ というタイプ
$$ax+b = \pm\sqrt{c}$$
$$x = \frac{-b\pm\sqrt{c}}{a}$$

(例1)　$(x+2)^2 = 9$
　　　　$x+2 = \pm 3$　　※1 ←---- #
　　　　$x = -2\pm 3$　　※2
　　　　$x = 1, -5$　　※3

(例2)　$(x-3)^2 = 2$
　　　　$x-3 = \pm\sqrt{2}$
　　　　$x = 3\pm\sqrt{2}$

(例3)　$(2x+3)^2 = 5$
　　　　$2x+3 = \pm\sqrt{5}$
　　　　$x = \dfrac{-3\pm\sqrt{5}}{2}$

☞ #の操作は，
$\underline{x+2=X \text{ とすると，} X^2=9 \text{ より } X=\pm 3}$
よって，$x+2 = \pm 3$
という操作の ---- 部を省略したもの．

※1 は $\begin{bmatrix} x+2=3 \\ x+2=-3 \end{bmatrix}$ (または) ということ．

※2 は $\begin{bmatrix} x=-2+3 \\ x=-2-3 \end{bmatrix}$ (または) ということ．

※3 の $x=1, -5$
　　　　↑このカンマは「または」を表す．

9-1-3　2次方程式の解き方 その2

[Ⅲ] $ax^2+bx+c=0$ $(a \neq 0)$ というタイプ

[解き方①] —— 左辺が因数分解できるとき ——

▷左辺を…
　　　　（1次式）（1次式）という形に(因数分解)して ----┐
▷ $(x\text{の1次式})(x\text{の1次式}) = 0$　　2つの1次方程式を解く ←--┘
　　　　‖　　　　　　‖
　　　　0　　または　0

(例1)　$x^2+5x-6 = 0$
　　　　$(x-1)(x+6) = 0$
　　　　$x = 1, -6$　　※1 ←---- #1

(例2)　$x^2-9 = 0$
　　　　$(x+3)(x-3) = 0$
　　　　$x = -3, 3$　　※2

(例3)　$x^2+6x+9 = 0$
　　　　$(x+3)^2 = 0$
　　　　$x = -3$　　※3

(例4)　$x^2+2x = 0$
　　　　$x(x+2) = 0$　　※4
　　　　$x = 0, -2$

(例5)　$2x^2+5x-3 = 0$
　　　　$(2x-1)(x+3) = 0$　←---- #2
　　　　$x = \dfrac{1}{2}, -3$

☞ #1 … 次の操作
　$\left.\begin{array}{l} x-1=0 \text{ または } x+6=0 \\ \text{これより } x=1 \text{ または } x=-6 \end{array}\right\}$ を
いきなり※1と書けるように
練習する．

※2 → $x=\pm 3$（でもよい）

※3 → これが，「解が1つのタイプ」
┌ $(ax+b)^2 = 0$ $(a \neq 0)$ のタイプ ┐
│　　　　$x = -\dfrac{b}{a}$ （解が1つ！）│
└────────────────┘

※4 → $x(x+2) = 0$
　　　　‖　　‖
　　　　0 または 0 （ということ）

#2 … 左辺の因数分解「たすきがけ」
　　　　　　　(p.67 8-5参照)

71

[解き方②]──左辺が因数分解できないとき──

$$(x+m)^2 = n \quad \Rightarrow \quad x = -m \pm \sqrt{n}$$
という形をつくって　　　　　　　とする

(例1)　$x^2 + 4x + 1 = 0$
　　　　$x^2 + 4x = -1$

〈ここで2つの考え方がある──$(x+2)^2$ という形をつくるには…──〉

(その1) 左辺の x^2+4x に4を加えれば $(x+2)^2$ になる．左辺に4を加えるのだから，右辺にも4を加える．	(その2) x^2+4x から $(x+2)^2$ を導きたいが，$(x+2)^2 = x^2+4x+4$ なので，$(x+2)^2 - 4$ としないと，x^2+4x に等しくならない．
$x^2 + 4x + 4 = -1 + 4$	$(x+2)^2 - 4 = -1$
$(x+2)^2 = 3$	$(x+2)^2 = 4 - 1$
$x + 2 = \pm\sqrt{3}$	$(x+2)^2 = 3$
$x = -2 \pm \sqrt{3}$	$x + 2 = \pm\sqrt{3}$
	$x = -2 \pm \sqrt{3}$

＃の操作のポイント…

$x^2 + \square x = \bigcirc$
$\rightarrow \left(x + \dfrac{\square}{2}\right)^2 - \dfrac{\square^2}{4} = \bigcirc$
　　　　　　□の半分！ ということ

(例)　・$x^2 + 6x = 1$　　　・$x^2 + 3x = 5$
　　　　$(x+3)^2 - 9 = 1$　　$\left(x + \dfrac{3}{2}\right)^2 - \dfrac{9}{4} = 5$
　　　　　　　　2乗　　　　　　　　　　2乗

☞ $(x+m)^2 = n$ という形をつくって2次方程式を解く方法を「平方完成して(平方完成を利用して)」解くといいます．

(例2)　$2x^2 + 3x - 1 = 0$
　　　　$x^2 + \dfrac{3}{2}x - \dfrac{1}{2} = 0$　　＃1

　　　　$x^2 + \dfrac{3}{2}x = \dfrac{1}{2}$

　　　　$\left(x + \dfrac{3}{4}\right)^2 - \dfrac{9}{16} = \dfrac{1}{2}$　　＃2

　　　　$\left(x + \dfrac{3}{4}\right)^2 = \dfrac{1}{2} + \dfrac{9}{16}$　　＃3

　　　　$\left(x + \dfrac{3}{4}\right)^2 = \dfrac{17}{16}$

　　　　$x + \dfrac{3}{4} = \pm \dfrac{\sqrt{17}}{4}$

　　　　$x = -\dfrac{3}{4} \pm \dfrac{\sqrt{17}}{4}$

☞ ＃1…両辺を2で割って，x の2次の係数を1にする──自分ができる形(上の例1と同じ形)にする．

＃2…$x^2 + \dfrac{3}{2}x \rightarrow \left(x + \dfrac{3}{4}\right)^2 - \dfrac{9}{16}$
　　　　　　半分　　　2乗

＃3…右辺を通分

[解き方③]──左辺が因数分解できないとき──

┌─公式（2次方程式の解の公式）─────
│ $ax^2+bx+c=0$ （$a\neq 0$）のとき
│ $$x=\frac{-b\pm\sqrt{b^2-4ac}}{2a}$$
└─────────────を使って解く──

（例1） $x^2+3x-1=0$
   $\uparrow\ \ \uparrow\ \ \uparrow$
   $a=1\ b=3\ c=-1$

$$x=\frac{-3\pm\sqrt{3^2-4\times 1\times(-1)}}{2\times 1}$$

$$=\frac{-3\pm\sqrt{13}}{2}$$

（例2） $2x^2-3x-1=0$
   $\uparrow\ \ \uparrow\ \ \uparrow$
   $a=2\ b=-3\ c=-1$

$$x=\frac{-(-3)\pm\sqrt{(-3)^2-4\times 2\times(-1)}}{2\times 2}$$

$$=\frac{3\pm\sqrt{17}}{4}$$

☞ 中学数学では$\sqrt{\ }$の中がマイナスになることはない．したがって，仮に計算に誤りがないとすれば，その2次方程式には解がない──実数である解をもたない──ことになるが，通常の問題では「解なし」などということはありえないので，マイナスになった場合は直ちに計算をチェックすること．

☆公式の導き方

$ax^2+bx+c=0$ （$a\neq 0$）

$x^2+\dfrac{b}{a}x+\dfrac{c}{a}=0$

$x^2+\dfrac{b}{a}x\quad =-\dfrac{c}{a}$

$\left(x+\dfrac{b}{2a}\right)^2-\dfrac{b^2}{4a^2}=-\dfrac{c}{a}$

$\left(x+\dfrac{b}{2a}\right)^2\quad =\dfrac{b^2-4ac}{4a^2}$

$x+\dfrac{b}{2a}\quad =\pm\dfrac{\sqrt{b^2-4ac}}{2a}$

$x=-\dfrac{b}{2a}\pm\dfrac{\sqrt{b^2-4ac}}{2a}$

$x=\dfrac{-b\pm\sqrt{b^2-4ac}}{2a}$

（以上，整理すると…）

┌─2次方程式の解き方──────────
│
│ Step 1 xについて整理し，右辺を0にする
│ Step 2 左辺の2次式　…因数分解ができるか否か判断する
│ Step 3 ⇨（できれば）　　　因数分解して解く
│   ⇨（できなければ）　解の公式で解く
│
└─────────────────────

☞ 因数分解に気づかないまま公式を使うのはできるだけ避けたい．最後に$\sqrt{\ }$がとれて有理数の答えになる問題は，因数分解ができる問題であった，ということになる．

☞ $x^2+6x+8=0$ を，
○因数分解で…
　$(x+2)(x+4)=0$
　$x=-2,\ -4$
○平方完成で…
　$x^2+6x=-8$
　$(x+3)^2-9=-8$
　$(x+3)^2=1$
　$x+3\ =\pm 1$
　$x\quad =-3\pm 1$
　$x\quad =-2,\ -4$
○解の公式で…
$$x=\frac{-6\pm\sqrt{6^2-4\times 1\times 8}}{2\times 1}$$

$$=\frac{-6\pm 2}{2}\quad \left.\begin{array}{l}\dfrac{-6+2}{2}\\[4pt]\dfrac{-6-2}{2}\end{array}\right\}$$

$=-2,\ -4$

☞（例）　$x^2-x-12=0$

解の公式より，$x=\dfrac{-(-1)\pm\sqrt{(-1)^2-4\times1\times(-12)}}{2}$

$=\dfrac{1\pm\sqrt{1+48}}{2}$

$=\dfrac{1\pm7}{2}$

$=\dfrac{8}{2},\ \dfrac{-6}{2}$

$=4,\ -3$

因数分解できることに気づけば2行で終わる作業が，これだけの作業を強いられることになるわけです．

▶応用テーマ **1**

9-1-1　$ax^2+2b'x+c=0\ (a\neq0)$ タイプ
　　　　　　偶数
　　　　（x の係数が偶数のとき）

$ax^2+2b'x+c=0$ のとき
$x=\dfrac{-b'\pm\sqrt{b'^2-ac}}{a}$

◀「x の係数」とは，正確には，1次の項の係数
$ax^2+\square x+c=0$
　　　　↑
　　　コレ
のことを指す．

（例1）　$x^2+\underset{\substack{\|\\b'}}{\underset{2\times1}{2}}x-2=0$　　$x=-1\pm\sqrt{1^2-1\times(-2)}$
$=-1\pm\sqrt{3}$

◀ていねいに書くと…，
$x=\dfrac{-1\pm\sqrt{1^2-1\times(-2)}}{1}$
$=\cdots$（となる）

＜普通の公式では…＞

$x=\dfrac{-2\pm\sqrt{2^2-4\times1\times(-2)}}{2\times1}$

$=\dfrac{-2\pm\sqrt{12}}{2}$

$=\dfrac{-2\pm2\sqrt{3}}{2}$　　　$\dfrac{-2\pm2\sqrt{3}}{2}$

$=-1\pm\sqrt{3}$　　　$\left(\dfrac{-2}{2}\pm\dfrac{2\sqrt{3}}{2}\right)$ということ

◀$\dfrac{-2\pm2\sqrt{3}}{2}=\dfrac{2(-1\pm\sqrt{3})}{2}$
$\phantom{\dfrac{-2\pm2\sqrt{3}}{2}}=-1\pm\sqrt{3}$
となっている．

$\dfrac{\overset{1}{-2}\pm2\sqrt{3}}{\underset{1}{2}}$ は，ダメ．

$\dfrac{\overset{1}{-2}\pm2\sqrt{3}}{\underset{1}{2}}$ も，ダメ．

（例2）　$3x^2-\underset{\substack{\|\\b'}}{\underset{2\times(-2)}{4}}x-2=0$　　$x=\dfrac{-(-2)\pm\sqrt{(-2)^2-3\times(-2)}}{3}$
$=\dfrac{2\pm\sqrt{10}}{3}$

＜普通の公式では…＞

$x=\dfrac{4\pm\sqrt{40}}{6}=\cdots$（となる）

74

9-1-2　$ax^2+2b'x+c=0$ $(a\neq 0)$ の解の導き方
　[はじめから]
$$x^2+\frac{2b'}{a}x+\frac{c}{a}=0$$
$$x^2+\frac{2b'}{a}x=-\frac{c}{a}$$
$$\left(x+\frac{b'}{a}\right)^2-\frac{b'^2}{a^2}=-\frac{c}{a}$$
$$\left(x+\frac{b'}{a}\right)^2=\frac{b'^2-ac}{a^2}$$
$$x+\frac{b'}{a}=\pm\frac{\sqrt{b'^2-ac}}{a}$$
$$x=-\frac{b'}{a}\pm\frac{\sqrt{b'^2-ac}}{a}$$
$$=\frac{-b'\pm\sqrt{b'^2-ac}}{a}$$

← [解の公式より]
$ax^2+2b'x+c=0$ $(a\neq 0)$
$$x=\frac{-2b'\pm\sqrt{(2b')^2-4ac}}{2a}$$
$$=\frac{-2b'\pm\sqrt{4b'^2-4ac}}{2a}$$
$$=\frac{-2b'\pm\sqrt{4(b'^2-ac)}}{2a}$$
$$=\frac{-2b'\pm 2\sqrt{b'^2-ac}}{2a}$$
$$=\frac{-b'\pm\sqrt{b'^2-ac}}{a}$$

▷ **基本性質 2**

9-2-1　2次方程式を解く手順①
　──整理して，右辺を0に──
（例1）　$(x+1)(x-2)=4$
　　　　$x^2-x-2-4=0$
　　　　$x^2-x-6=0$　　　　　　　→ 因数分解
（例2）　$(x+2)^2-3(2x+1)=2$
　　　　$x^2+4x+4-6x-3-2=0$
　　　　$x^2-2x-1=0$　　　　　　→ 解の公式
（例3）　$x(\sqrt{3}-x)=\dfrac{1}{4}$ ⎱ 両辺に4をかける
　　　　$4x(\sqrt{3}-x)=1$ ⎰
　　　　　　　　　　　　　　　（　）をはずす
　　　　$4\sqrt{3}\,x-4x^2-1=0$ ⎱ 両辺にマイナス
　　　　$4x^2-4\sqrt{3}\,x+1=0$ ⎰ をかける　→ 解の公式

☞ $\sqrt{}$ があっても同じ．**9-1-1**を使って…，
$$x=\frac{-(-2\sqrt{3})\pm\sqrt{(-2\sqrt{3})^2-4\times 1}}{4}$$
$=\cdots$　（とする）

9-2-2　2次方程式を解く手順②
　──$(x+m)^2=n$ の形を利用する──
（例1）　$(2x-1)^2=4$
　　　∴　$2x-1=\pm 2$ （以下略）
（例2）　$10\times\dfrac{100-x}{100}\times\dfrac{100-x}{100}=100\times\dfrac{3.6}{100}$　$(x>0)$
　　　　　　　　　　　　　　　　　　　⎱ 両辺に1000をかける
　　　　$(100-x)^2=3600$
　　　∴　$100-x=\pm 60$ （以下略）
☞ 食塩水の文章題で頻出のタイプです．

75

9-2-3 2次方程式を解く手順③
——おきかえを使う——

（例1） $(x-1)^2-5(x-1)+6=0$
  $x-1=X$ とする.
   $X^2-5X+6=0$
   $(X-2)(X-3)=0$
   $X=2, 3$
  ∴ $x-1=2, x-1=3$
  ∴ $x=3, 4$

  $(X-2)(X-3)=0$
  $(x-1-2)(x-1-3)=0$
  $(x-3)(x-4)=0$
  ∴ $x=3, 4$

☞ 普通に( )をはずして計算することも可能だが，（例2）のようなタイプに対処するためにも「おきかえ」は重要．ただし，慣れてくれば，発想としての「おきかえ」を利用し，新たな文字を使わずに，いきなり因数分解することもできる．

（例2） $(x^2-3x)^2-14(x^2-3x)+40=0$
  $x^2-3x=X$ とする.
   $X^2-14X+40=0$
   $(X-4)(X-10)=0$
   $(x^2-3x-4)(x^2-3x-10)=0$
   $(x+1)(x-4)(x+2)(x-5)=0$
  ∴ $x=-1, -2, 4, 5$

☞ ここで，$X=4, 10$ とするより，もとにもどして計算を続ける方が効率的．

▷ **基本性質 3**

9-3-1 2次方程式の「1つの解と他の解」（基本）

（例1） $x^2+x-k=0$ の1つの解が3のとき，他の解を求めよ．
  解 $3^2+3-k=0$ より，$k=12$
  ∴ $x^2+x-12=0$
   $(x+4)(x-3)=0$ より，他の解 $x=-4$

（例2） $x^2+6x-k=0$ の1つの解が $-3+\sqrt{2}$ のとき，他の解を求めよ．
  解 $(-3+\sqrt{2})^2+6(-3+\sqrt{2})=k$
   $k=9-6\sqrt{2}+2-18+6\sqrt{2}=-7$
   $x^2+6x-(-7)=0$ より，$x^2+6x+7=0$
   $x=-3\pm\sqrt{(-3)^2-1\times 7}$ （9-1-1 より）
    $=-3\pm\sqrt{2}$ ∴ 他の解 $x=-3-\sqrt{2}$

☞ 「1つの解が $m+\sqrt{n}$ なら他の解は $m-\sqrt{n}$」とか，「1つの解が $-p+\sqrt{q}$ なら他の解は $-p-\sqrt{q}$」とすることができるのは，2次方程式の係数が有理数のとき．

9-3-2 2次方程式の「1つの解と他の解」（応用）

（例3） $x^2-kx-1=0$ の1つの解が $2+\sqrt{3}$ のとき，他の解を求めよ．
  解 $(2+\sqrt{3})^2-k(2+\sqrt{3})-1=0$
   $4+4\sqrt{3}+3-1=(2+\sqrt{3})k$
   $k=\dfrac{6+4\sqrt{3}}{2+\sqrt{3}}=\dfrac{(6+4\sqrt{3})\times(2-\sqrt{3})}{(2+\sqrt{3})\times(2-\sqrt{3})}$
    $=\dfrac{12-6\sqrt{3}+8\sqrt{3}-12}{4-3}=2\sqrt{3}$
  ∴ $x^2-2\sqrt{3}x-1=0$
   $x=-(-\sqrt{3})\pm\sqrt{(-\sqrt{3})^2-1\times(-1)}=\sqrt{3}\pm 2$ ∴ 他の解 $x=-2+\sqrt{3}$

☞ この例では…
  1つの解 → $2+\sqrt{3}$
  他の解 → $-2+\sqrt{3}$
となっている．

▶応用テーマ 2

9-2-1 ＜解が p と q＞である2次方程式

（例1）「解が 2 と 3」
$x=2, 3 \leftarrow x=2, x=3$
$(x-2)(x-3)=0$
$x^2-5x+6=0$
逆にたどる

（例2）「解が -3 と 5」
$x=-3, 5 \leftarrow x=-3, x=5$
$(x+3)(x-5)=0$
$x^2-2x-15=0$
逆にたどる

◀こうした方法を使わずに求めるとすれば…
元の2次方程式を
$x^2+ax+b=0$ として，
$x=2, x=3$ を代入．
$\begin{cases} 2^2+2a+b=0 & \cdots\cdots① \\ 3^2+3a+b=0 & \cdots\cdots② \end{cases}$
①，②より，——連立方程式を解いて——
$a=-5, b=6$
∴ $x^2-5x+6=0$ （とする）

＜解が p と q＞である2次方程式
$\Rightarrow x^2-(p+q)x+pq=0$

9-2-2 2次方程式の「解と係数の関係」

$ax^2+bx+c=0\ (a\neq 0)$ の
2つの解を α, β とすると
$\alpha+\beta=-\dfrac{b}{a},\ \alpha\beta=\dfrac{c}{a}$

（例1） $x^2+x-6=0$ の2解を α, β とすると
$\alpha+\beta=-1,\ \alpha\beta=-6$

（例2） $x^2-3x-1=0$ の2解を α, β とすると
$\alpha+\beta=3,\ \alpha\beta=-1$

（例3） $2x^2+3x-1=0$ の2解を α, β とすると
$\alpha+\beta=-\dfrac{3}{2},\ \alpha\beta=-\dfrac{1}{2}$

◀ α, β は…，
○ α（アルファ），β（ベータ）と読む．
○ α，β 書く．
上から　下から

◀普通の計算で求めるとすると…
例1は，$(x+3)(x-2)=0$ より
$x=-3, 2$ よって
和 $=-1$，積 $=-6$
とすぐわかるが，
例2は，解の公式より
$x=\dfrac{-(-3)\pm\sqrt{(-3)^2-4\times 1\times(-1)}}{2\times 1}$
$=\dfrac{3\pm\sqrt{13}}{2}$
和 $=\dfrac{3+\sqrt{13}}{2}+\dfrac{3-\sqrt{13}}{2}=3$
積 $=\dfrac{3+\sqrt{13}}{2}\times\dfrac{3-\sqrt{13}}{2}$
$=\dfrac{9-13}{4}=-1$

という作業を強いられることになる．

[導き方]
$ax^2+bx+c=0\ (a\neq 0)$ の2解が α, β

両辺を $a(\neq 0)$ で割る

つまり $x=\alpha, \beta$
↑
$(x-\alpha)(x-\beta)=0$

$x^2+\dfrac{b}{a}x+\dfrac{c}{a}=0$　　$x^2-(\alpha+\beta)x+\alpha\beta=0$
　　あ　　い　　　　　　　　　　　ア　　イ

$-(\alpha+\beta)=\dfrac{b}{a}$ より，$\alpha+\beta=-\dfrac{b}{a}$　　$\begin{cases}あ=ア \\ い=イ\end{cases}$ より

（また）$\alpha\beta=\dfrac{c}{a}$

☞ 元の2次方程式から，2つの解の
＜和＞と＜積＞がいきなりわかる ということ．

77

［10］式の計算

> 直接代入しない計算の手順…

文字式や無理数の計算については，どのような手順で計算するか，どのように工夫してするか，ということが中心となります．数値を直接代入するのではなく，代入する前に式を変形するなど，いろいろなタイプの「普通はこう計算する」という手順・工夫があります．その一つ一つをマスターするのが課題です．

▷基本性質 1

10-1-1 式の計算のポイント①：条件式を代入可能な式にする その1

（例1） $\dfrac{x}{2}=\dfrac{y}{3}$ のとき，$\dfrac{x^2-xy+y^2}{x^2+xy+y^2}=\boxed{}$ （ただし，$x\neq 0$，$y\neq 0$）

☞ $\boxed{}$ のとき，$\boxed{}$ の値を求めよ．
　　条件式　　　求値式
　　　ということにする

［方法1］ 一方を他方で表す．

$\dfrac{x}{2}=\dfrac{y}{3}$ より，$x=\dfrac{2}{3}y$ （これを代入）

$$\dfrac{\left(\dfrac{2}{3}y\right)^2-\dfrac{2}{3}y\times y+y^2}{\left(\dfrac{2}{3}y\right)^2+\dfrac{2}{3}y\times y+y^2}=\cdots=\dfrac{\dfrac{7}{9}y^2}{\dfrac{19}{9}y^2}=\dfrac{7y^2}{9}\div\dfrac{19y^2}{9}=\dfrac{7y^2}{9}\times\dfrac{9}{19y^2}=\dfrac{7}{19}$$

［方法2］ 他の文字で表す．

$\dfrac{x}{2}=\dfrac{y}{3}=k$ とすると，$x=2k$，$y=3k$ （これを代入）

$$\dfrac{(2k)^2-2k\times 3k+(3k)^2}{(2k)^2+2k\times 3k+(3k)^2}=\cdots=\dfrac{7k^2}{19k^2}=\dfrac{7}{19}$$

☞同じ問題ですが…．
「$3x=2y$ のとき」という場合，
○ $x=\dfrac{2}{3}y$ として…　　　　　　　　　　　　…ア
○ $3x=2y=k$ より，$x=\dfrac{k}{3}$，$y=\dfrac{k}{2}$ より…　…イ
とすることもできるが，
　$3x=2y$ より，$x:y=2:3$
　　これより，$x=2a$，$y=3a$ より…
とする方が計算が簡単(ア，イのように分数を代入するということを避けられる)．

```
☆式の計算のポイント☆
そのまま直接代入しないとすれば…
［Ⅰ］ 条件式を変形する
［Ⅱ］ 求値式を変形する
［Ⅲ］ 両方を変形する

元の　　　　　　　変形した
条件式　⇨　条件式
　　［Ⅱ］　　　　　［Ⅲ］
　　　　　［Ⅰ］
元の　　　　　　　変形した
求値式　⇨　求値式

⇨ 変形（加工）
‐‐‐▶ 代入
（というイメージ）
```

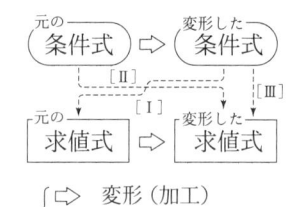

10-1-2　式の計算のポイント①：条件式を代入可能な式にするその2

（例2）　$\dfrac{x+y}{3}=\dfrac{y+z}{4}=\dfrac{z+x}{5}$ のとき，$\dfrac{xy+yz+zx}{x^2+y^2+z^2}=\boxed{}$　（ただし，$x\neq 0$，$y\neq 0$，$z\neq 0$）

［方法］　他の文字で表す．

$\boxed{\dfrac{x+y}{3}=\dfrac{y+z}{4}=\dfrac{z+x}{5}=k\ \text{とする}}$

$\left.\begin{array}{l}\dfrac{x+y}{3}=k\ \text{より，}\ x+y=3k\\[4pt]\dfrac{y+z}{4}=k\ \text{より，}\ y+z=4k\\[4pt]\dfrac{z+x}{5}=k\ \text{より，}\ z+x=5k\end{array}\right\}$（ということ）

$\begin{cases}x+y=3k\ \cdots①\\ y+z=4k\ \cdots②\\ z+x=5k\ \cdots③\end{cases}$

①＋②＋③より，
　　$2(x+y+z)=12k$　∴　$x+y+z=6k\ \cdots\cdots④$
④，②より，$x=2k$，①より，$y=k$，③より，$z=3k$

∴　$\dfrac{xy+yz+zx}{x^2+y^2+z^2}=\dfrac{2k\times k+k\times 3k+3k\times 2k}{(2k)^2+k^2+(3k)^2}=\dfrac{11k^2}{14k^2}=\dfrac{11}{14}$

☞このような方法を知らない or 忘れたという場合は…．
（例1）［方法1］と同様，1文字を消去(2文字に)して，
一方を他方で表す，という方向へ進むことになる．

$\dfrac{x+y}{3}=\dfrac{y+z}{4}$ より，$4(x+y)=3(y+z)$
$4x+4y=3y+3z$　∴　$4x+y-3z=0\ \cdots\cdots①$

$\dfrac{y+z}{4}=\dfrac{z+x}{5}$ より，$5(y+z)=4(z+x)$
$5y+5z=4z+4x$　∴　$4x-5y-z=0\ \cdots\cdots②$

$\begin{cases}4x+y-3z=0\ \cdots①\\ 4x-5y-z=0\ \cdots②\end{cases}$　　　┈ 3文字・2式から ┈
　　　　　　　　　　　　　　　　　　　　　　　　　　　　　　　　　　　┈ 2文字・1式へ ┈

①－②より，$6y-2z=0$　∴　$z=3y\ \cdots\cdots③$　←xを消去して，zをyで表す．
①－②×3より，$-8x+16y=0$　∴　$x=2y\ \cdots\cdots④$　←zを消去して，xをyで表す．
③，④を代入（以下略）

▷**基本性質 2**

10-2-1　式の計算のポイント②：求値式を因数分解するその1

（例1）　$x=2\sqrt{3}+\sqrt{5}$，$y=2\sqrt{3}-\sqrt{5}$ のとき，$x^2-y^2=\boxed{}$

$x^2-y^2=(x+y)(x-y)$　　　　　　………※　　Step 1　求値式 因数分解可能と見抜く

$x+y=2\sqrt{3}+\sqrt{5}+2\sqrt{3}-\sqrt{5}=4\sqrt{3}$　………①　Step 2　条件式 代入可能な形に変える

$x-y=2\sqrt{3}+\sqrt{5}-(2\sqrt{3}-\sqrt{5})$
　　　$=2\sqrt{3}+\sqrt{5}-2\sqrt{3}+\sqrt{5}=2\sqrt{5}$　………②

①，②を※に代入　　　　　　　　　　　　　　　　Step 3　代入する

　　※$=4\sqrt{3}\times 2\sqrt{5}=8\sqrt{15}$

☞因数分解をしてから代入するという方法をとらずに直接
代入しても答えはでますが，より複雑な問題に対処する
ためには，簡単な問題でドリルを積んでおくべきです．

(例2) $a=3-\sqrt{3}$, $b=\sqrt{3}+1$ のとき, $a^2-2ab-3b^2=\boxed{}$

$a^2-2ab-3b^2=(a+b)(a-3b)$ ……※

$a+b=3-\sqrt{3}+\sqrt{3}+1=4$

$a-3b=3-\sqrt{3}-3(\sqrt{3}+1)=3-\sqrt{3}-3\sqrt{3}-3=-4\sqrt{3}$

∴ ※$=4\times(-4\sqrt{3})=-16\sqrt{3}$

10-2-2 式の計算のポイント②：求値式を因数分解する^{その2}

(例1) $x=\sqrt{2}-1$, $y=\sqrt{2}+1$ のとき, $x^2-xy+x-y=\boxed{}$

$\begin{aligned}x^2-xy+x-y&=x(x-y)+x-y \quad x-y=A \text{ とおく}\\&=xA+A=A(x+1)\\&=(x-y)(x+1)\cdots\text{※}\end{aligned}$

$x-y=\sqrt{2}-1-(\sqrt{2}+1)=\sqrt{2}-1-\sqrt{2}-1=-2$

$x+1=\sqrt{2}-1+1=\sqrt{2}$

∴ ※$=-2\times\sqrt{2}=-2\sqrt{2}$

(例2) $x=\dfrac{3+\sqrt{5}}{2}$, $y=\dfrac{3-\sqrt{5}}{2}$ のとき, $x^2+y^2-2xy-3x+3y=\boxed{}$

$\begin{aligned}x^2+y^2-2xy-3x+3y&=x^2-2xy+y^2-3x+3y\\&=(x-y)^2-3(x-y) \quad x-y=A \text{ とおく}\\&=A^2-3A\\&=A(A-3)\\&=(x-y)(x-y-3)\cdots\text{※}\end{aligned}$

$x-y=\dfrac{3+\sqrt{5}}{2}-\dfrac{3-\sqrt{5}}{2}=\dfrac{3+\sqrt{5}-3+\sqrt{5}}{2}=\sqrt{5}$

これより, $x-y-3=\sqrt{5}-3$

∴ ※$=\sqrt{5}\times(\sqrt{5}-3)=5-3\sqrt{5}$

☞どちらも，求値式を変形(因数分解)してみないと，条件式の変形・加工の方向が決まりません．

▷基本性質 3

10-3-1 対称式を使う準備

―対称式とは…

[Ⅰ] 2つの文字の多項式や分数式で
その2文字を入れ換えても，元の式と同じになる式を，**対称式**という．

(例) $x+y$, $a^2-2ab+b^2$, $\dfrac{1}{m}+\dfrac{1}{n}$ (など)

[Ⅱ] 和 $x+y$ ／ $a+b$
積 xy ／ ab ） など，和と積の式を，**基本対称式**という．

[Ⅲ] すべての対称式は，基本対称式で表すことができる．

☞ $x-y$, $x+2y$, x^2-y^2 などは対称式ではない．

▷基本対称式で表す —— 基本編
- $x^2+y^2=(x+y)^2-2xy$
- $x^2+xy+y^2=(x+y)^2-xy$
- $x^2-xy+y^2=(x+y)^2-3xy$
- $a^2+3ab+b^2=(a+b)^2+ab$
- $\dfrac{b}{a}+\dfrac{a}{b}=\dfrac{(a+b)^2-2ab}{ab}$ （など）

▷基本対称式で表す —— 応用編
- $x^3+x^2y+xy^2+y^3$
  $=x^2(x+y)+y^2(x+y)$
  $=(x+y)(x^2+y^2)$
  $=(x+y)\{(x+y)^2-2xy\}$
- x^4+y^4
  $=(x^2+y^2)^2-2x^2y^2$
  $=\{(x+y)^2-2xy\}^2-2(xy)^2$ （など）

10-3-2 式の計算のポイント③：対称式を利用する

（例1） $x=\sqrt{3}+\sqrt{2}$, $y=\sqrt{3}-\sqrt{2}$ のとき, $x^2-3xy+y^2=\boxed{}$

$x+y=\sqrt{3}+\sqrt{2}+\sqrt{3}-\sqrt{2}=2\sqrt{3}$, $xy=(\sqrt{3}+\sqrt{2})(\sqrt{3}-\sqrt{2})=3-2=1$

∴ $x^2-3xy+y^2=(x+y)^2-5xy$
$=(2\sqrt{3})^2-5\times 1$
$=12-5=7$

（例2） $x=\dfrac{\sqrt{5}+1}{2}$, $y=\dfrac{\sqrt{5}-1}{2}$ のとき, $x^2-4xy+y^2=\boxed{}$

$x+y=\dfrac{\sqrt{5}+1}{2}+\dfrac{\sqrt{5}-1}{2}=\sqrt{5}$, $xy=\dfrac{\sqrt{5}+1}{2}\times\dfrac{\sqrt{5}-1}{2}=\dfrac{5-1}{4}=1$

∴ $x^2-4xy+y^2=(x+y)^2-6xy=(\sqrt{5})^2-6\times 1$
$=5-6=-1$

☞ 両方とも直接代入して計算することもできます．この程度の計算なら作業量も大差ありません．ただし，計算式が複雑になってくると，「対称式」を使うか否かの差は，それなりに大きくなります．

▷**基本性質 4**

10-4-1 〈両辺を2乗する〉という操作

（例1） $x=\sqrt{3}$ の両辺を2乗すると → $x^2=3$

（例2） $x-1=\sqrt{6}$ の両辺を2乗すると → $x^2-2x+1=6$

10-4-2 式の計算のポイント④：条件式を変形する

（例1） $x=\sqrt{7}+2$ のとき, $x^2-4x+5=\boxed{}$

$x=\sqrt{7}+2$ より, $x-2=\sqrt{7}$ ……………………①

①の両辺を2乗して, $x^2-4x+4=7$ ∴ $x^2-4x+5=7+1=8$

（例2） $x=\dfrac{\sqrt{3}-1}{2}$ のとき, $4x^2+4x-1=\boxed{}$

$x=\dfrac{\sqrt{3}-1}{2}$ より, $2x=\sqrt{3}-1$, よって, $2x+1=\sqrt{3}$ ……………………①

①の両辺を2乗して, $(2x+1)^2=(\sqrt{3})^2$ より $4x^2+4x+1=3$ ∴ $4x^2+4x=2$

∴ $4x^2+4x-1=2-1=1$

▶応用テーマ **1**

10-1-1 式の計算のための**応用ツール**

[Ⅰ] $x^2+y^2=\dfrac{(x+y)^2+(x-y)^2}{2}$ ①

[Ⅱ] $x^3+y^3=(x+y)(x^2+y^2)-xy(x+y)$ ②

[Ⅲ] $x-y=\begin{cases} x-y>0 \text{ のとき} \\ \sqrt{(x+y)^2-4xy} \\ x-y<0 \text{ のとき} \\ -\sqrt{(x+y)^2-4xy} \end{cases}$ ③

$\dfrac{x}{y}-\dfrac{y}{x}=\begin{cases} \dfrac{x}{y}-\dfrac{y}{x}>0 \text{ のとき} \\ \sqrt{\left(\dfrac{x}{y}+\dfrac{y}{x}\right)^2-4} \\ \dfrac{x}{y}-\dfrac{y}{x}<0 \text{ のとき} \\ -\sqrt{\left(\dfrac{x}{y}+\dfrac{y}{x}\right)^2-4} \end{cases}$ ④

←① 平方の和を 和と差で
② 立方の和を 和と積と平方の和(したがって和と差)で
③ 差を 和と積で
④ 差を 和で
表す(計算する)道具ということ．

☞[Ⅱ]については，高校数学で因数分解の公式として
x^3+y^3
$=(x+y)(x^2-xy+y^2)$
として習います．

[Ⅲ]は…
　　　　　↙与えられた数
○ $x-y=○$, $x+y=?$
○ $x+y=○$, $x-y=?$
　　　　　↖を求める

どちらにしても，
$\left.\begin{array}{l}(x+y)^2 \\ (x-y)^2\end{array}\right\}$ をつくる
ということ．

☞① ← $(x+y)^2+(x-y)^2=x^2+2xy+y^2+x^2-2xy+y^2$

② ← $(x+y)(x^2+y^2)=x^3+xy^2+x^2y+y^3$
$=x^3+y^3+xy(x+y)$

③ ← $(x-y)^2=x^2+y^2-2xy$
$=(x+y)^2-2xy-2xy$
ポイントは…
$(x+y)^2-(x-y)^2=4xy$ ということ

④ ← ③と同様に直接計算して
　 ← ③の式の意味から(=③の結果から)
　　(例) ○－□>0 のとき
　　　　○－□=$\sqrt{(○+□)^2-4\times○\times□}$

←○=x, □=y を
○=$\dfrac{x}{y}$, □=$\dfrac{y}{x}$ にすると…
（ということ）

10-1-2 応用計算例

(例1) $x+y=3$, $xy=1$, $x>y$ のとき，$x-y=\boxed{}$．

解 $x-y=\sqrt{(x+y)^2-4xy}=\sqrt{3^2-4\times 1}=\sqrt{5}$

(例2) $x-\dfrac{1}{x}=2$ のとき，$x+\dfrac{1}{x}=\boxed{}$．

解 $\left(x+\dfrac{1}{x}\right)^2=x^2+\dfrac{1}{x^2}+2=\left\{\left(x-\dfrac{1}{x}\right)^2+2\right\}+2=8$

∴ $x+\dfrac{1}{x}=\pm 2\sqrt{2}$

←$\left.\begin{array}{l}\left(x+\dfrac{1}{x}\right)^2=x^2+\dfrac{1}{x^2}+2 \\ \left(x-\dfrac{1}{x}\right)^2=x^2+\dfrac{1}{x^2}-2\end{array}\right\}$※
※から導くということ．

[11] 文章題

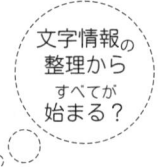

文字情報の整理からすべてが始まる？

算数では，いろいろな文章題を解くのに，テーマに応じてさまざまな発想に頼り，また工夫をこらして解きました．数学では未知数を文字で表した式をつくることができるかどうかが，文章題を解く鍵となります．文章中の文字情報を線や表を使ってヴィジュアルな情報へ変換し，これをもとに式をつくります．

▷基本性質 1

11-1-1 文章題を解く手順

Step 1 求めるべき数・量(=「未知数」という)を文字にする

（例1）　食塩水 A の濃度を x ％とする．

（例2）　大人の人数を x 人，子どもの人数を y 人とする．

（例3）　商品 1 個の仕入れ値を x 円，仕入れ個数を n 個とする．

Step 2 式[方程式・不等式]をつくる

　　　――文章の内容を式にする(=「立式」という)

普通は… 　未知数 1 (個) 　→ 　式 1 個　でよい

　　　　　　　　2 (個) 　→ 　式 2 個　必要

　　　　　　　　3 (個) 　→ 　式 3 個　必要

☞ 普通のケース 　→ 　未知数の個数 = 式の個数
　普通でないケース 　→ 　未知数の個数 > 式の個数
　この「普通でないケース」は，求める未知数が自然数であるなどの条件がないと，解が定まらないという意味で，不定方程式という――これについては，別のテーマとしてまとめて扱う予定――．

Step 3 式を解く(方程式・不等式の解を求める)

　　　――方程式(1 次・2 次)，不等式を解く――

Step 4 解の吟味をする

　　　――解が文章題の内容に適しているかどうか判断する．

[特に，2 次方程式の場合，2 つの解がともに適しているというケースか
　一方が適しているが他方が適していないというケースか，確認する．]

☞ 複雑な文章題では，見落としがちな条件
　○大小関係 　（例）　$x > y > 0$
　○数の性質 　（例 1）　長さを x cm 　→ 　$x > 0$
　　　　　　　（例 2）　個数を n 個 　→ 　n は，
　　　　　　　　　　　　　　　　　　　　　　　0 または自然数

など…

立式の際に書きそえる習慣をつけること．

11-1-2 文章題攻略のポイント

[ポイント①] 文字情報をヴィジュアル化する

漢字・平仮名,アルファベット,数字などからなる
文章(＝文字情報) を… 目で確認できる **視覚化された情報** に変える！

そのヴィジュアル化の例…

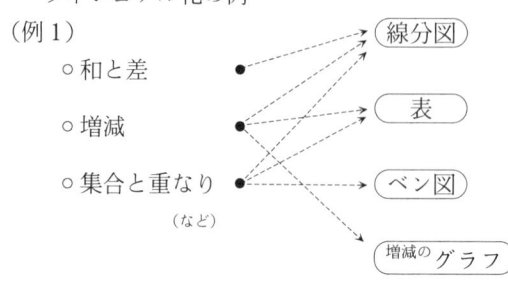

(例1)
- 和と差 ──→ 線分図
- 増減 ──→ 表
- 集合と重なり ──→ ベン図
- (など) ──→ 増減のグラフ

原 ├────────┤ x
定 ├──────────┤ $x \times 1.02$

	前年度	今年度
A校	x	$1.05x$
B校	y	$0.8y$

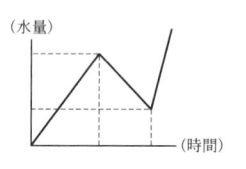

(水量)／(時間) のグラフ

(例2)
- 速さ(普通の道路) ──→ 線分図で表した状況図 (ア)
- 速さ(周回道路) ──→ 円で表した状況図 (イ)
  - ──→ ダイヤグラム① (ア′)
  - ──→ ダイヤグラム② (イ′)

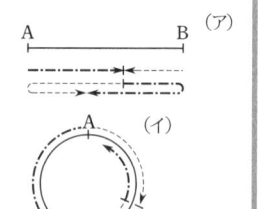

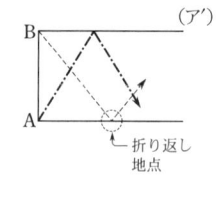

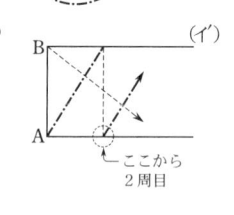

(ア) A ├────┤ B
(イ) 円形の周回図 A
(ア′) ダイヤグラム ─折り返し地点
(イ′) ダイヤグラム ─ここから2周目

[ポイント②] 未知数とするものを選ぶ
―― 何を未知数とするかを，立式の難易から判断する ――

(例1) 「AB間を15分で進むとき，AB間の道のりと自転車の分速は…」
　⇨ AB間を x^m (とすると，分速＝$x \div 15$ となる)
　⇨ 分速を毎分 x^m (とすると，AB間＝$x \times 15$ となる)

(例2) 「男子に3枚ずつカードを配ると1枚余り…」
　⇨ 男子を $x^人$ (とすると，カード＝$3 \times x + 1$ となる)
　⇨ カードを $x^枚$ (とすると，男子＝$\dfrac{x-1}{3}$ となる)

(例3) 「定価の2割引きの売り値で売って…」
　⇨ 定価を $x^円$ (として，売り値＝$x \times (1-0.2)$ とする)

(例4) 「昨年度の人数の15％増しが今年度の人数で…」
　⇨ 昨年度の人数を $x^人$ (として，今年度の人数＝$x \times (1+0.15)$ とする)

　　例3 → 売り値 $x^円$ とすると　定価＝$x \div (1-0.2)$ 円
　　例4 → 今年度 $x^人$ とすると　昨年度＝$x \div (1+0.15)^人$ となる

> 例3, 4のように…
> ＜増減がテーマの場合＞
> 仮に問われているのが増えたもの(減ったもの)であっても，「元になる方」を未知数とする.

☞ 文章題の中には，3～4行の問題を読み終えた瞬間に式をつくることができるような簡単な内容のものもありますが，合格をめざす志望校が出題する文章題はそうではないかもしれません．
　問題文を読み終えて直ちに式をつくることができないような込み入った内容の問題を解く場合，実際に式を書き始める前に，問題文に含まれる＜問題解決のための条件＞を整理する必要があります．この作業を「**情報整理**」(p.87～89)と呼ぶことにすると…，
　文章題攻略のポイントは──
　　① 式をつくる前の情報整理の技術を高める
　　② 整理された情報を処理する（立式する）技術を高める
という，2段階でとらえるべきです．そして，この情報整理は，頭の中の作業でなく，紙の上の作業として＜書き出しながら整理する＞というスタイルで行うことを勧めます．

11-2-1　立式のための基礎知識例

［1］ **割合**に関するもの

（1） 平均

$$\text{平均}=\frac{\text{合計}}{\text{個数（人数・回数など）}} \quad \text{or} \quad \text{合計}=\text{平均}\times\text{個数（人数・回数など）}$$

（2） 原価・定価・売り値／個数（人数など）の増減

x 円の a 割増し　→　$x\times\left(1+\dfrac{a}{10}\right)$ 円

x 円の a 割引き　→　$x\times\left(1-\dfrac{a}{10}\right)$ 円

x 個の p %増し　→　$x\times\left(1+\dfrac{p}{100}\right)$ 個

x 個の p %減　→　$x\times\left(1-\dfrac{p}{100}\right)$ 個

（例） 原価 x 円の品物に p 割の利益を見込んで定価をつけ，この定価の q 割引きで売ったとき，売り値は…

$$x\times\left(1+\dfrac{p}{10}\right)\times\left(1-\dfrac{q}{10}\right)$$

となる

（3） 食塩水

$$\text{濃度}(\%)=\frac{\text{食塩}}{\text{食塩水}}\times100$$

$$\text{食塩}=\text{食塩水}\times\frac{\text{濃度}}{100}$$

（例） 濃度 a %の食塩水 x g に含まれる食塩の量は…

$$x\times\dfrac{a}{100} \ (\text{g})$$

（4） 競争率・合格率

$$\text{競争率}=\frac{\text{全受験者数}}{\text{合格者数}}\ (\text{倍})$$

$$\text{合格率}=\frac{\text{合格者数}}{\text{全受験者数}}\times100\ (\%)$$

（例） 合格者 x 人，不合格者 y 人の試験の

　① 競争率 $=\dfrac{x+y}{x}$ （倍）

　② 合格率 $=\dfrac{x}{x+y}\times100$ （％）

［2］ **比**に関するもの

AとBの個数（人数・回数 etc）が $a:b$

$\Rightarrow \left.\begin{array}{l} A=ak \\ B=bk \end{array}\right\}$ とする（k は定数）

（例） A校の男子とB校の男子の人数比が 2：3 のとき…

$\left.\begin{array}{l} A=2k \\ B=3k \end{array}\right\}$ とする（k は定数）

［3］ 整数に関するもの
（1） 連続する自然数
　　まん中を x とすると，$x-1$, x（まん中）, $x+1$
（2） 2ケタの整数
　　10の位を x，1の位を y とすると，この数は $10x+y$
（3） 4ケタの整数の一番左の数字を一番右に移動した数は…
　　もとの数＝○□□□　とすると……→ $1000x+y$
　　　　　　　x　y
　　新しい数＝□□□○　となり……→ $10y+x$
　　　　　　　y　x

▷ 基本性質 [2]

11-3-1　立式の実例 ―― 未知数の扱い ――

〔例1〕 ある高校の今年度の入学者数は男女合わせて840人であり，男子の入学者数は昨年度に比べ15％増加し，女子の入学者数は昨年度に比べ10％減少し，男女合計数では昨年度に比べ5％の増加であったという．今年度の男子入学者数と女子入学者数を求めよ．

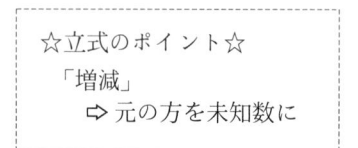

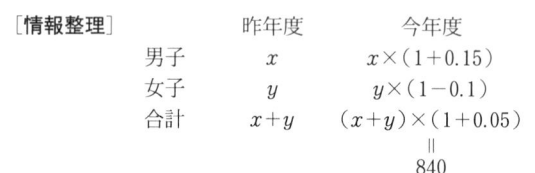

☆立式のポイント☆
「増減」
　⇨ 元の方を未知数に

［情報整理］
	昨年度	今年度
男子	x	$x\times(1+0.15)$
女子	y	$y\times(1-0.1)$
合計	$x+y$	$(x+y)\times(1+0.05)$ $=840$

解　昨年度の男子入学者を x 人 ⎫
　　　昨年度の女子入学者を y 人 ⎭ とする．

（求めるものは，今年度 ← 自分用注意書き）

$$\begin{cases} 1.15x+0.9y=840 & \cdots ① \\ 1.05(x+y)=840 & \cdots ② \end{cases}$$

①，②より，$x=480$, $y=320$

答 ⎰ 今年度の男子入学者数　552人
　　　⎱ 今年度の女子入学者数　288人

☞ 求めたい今年度の男子入学者数，女子入学者数を x 人，y 人とすると…．

	昨年度	今年度
男子	ア	x
女子	イ	y
合計	ウ	840

ア $\times(1+0.15)=x$　より　ア $=\dfrac{x}{1.15}$

イ $\times(1-0.1)=y$　より　イ $=\dfrac{y}{0.9}$

ウ $\times(1+0.05)=840$　より　ウ $=\dfrac{840}{1.05}=800$

$$\begin{cases} x+y=840 & \cdots ①' \\ \dfrac{x}{1.15}+\dfrac{y}{0.9}=800 & \cdots ②' \end{cases}$$

まちがいではないが，②'に，分母が小数という分数がでてくるので，計算がより複雑になるので避けるべきである．

〔例2〕 A，B 2校の入学試験において，受験者数の比は $4:5$，合格者数の比は $2:3$，不合格者数の比は $5:6$ であった．このとき，両校の競争率はそれぞれ何倍か．

☆立式のポイント
比 $a:b$ は
$\Rightarrow ax$ と bx に

[情報整理]
	A校	B校
合格者数	$2x$	$3x$
不合格者数	$5y$	$6y$
受験者数	$2x+5y$	$3x+6y$	→ これが $4:5$

解 合格者数　A校 $2x$（人）　B校 $3x$（人）
　　　不合格者数　A校 $5y$（人）　B校 $6y$（人）　とする．

$(2x+5y):(3x+6y)=4:5$

$10x+25y=12x+24y$ より，$y=2x$

A校の競争率　$\dfrac{2x+5\times 2x}{2x}=6$（倍）

B校の競争率　$\dfrac{3x+6\times 2x}{3x}=5$（倍）　　**答え　A校 6 倍，B校 5 倍**

☞定数項のない（定数項＝0の）2文字の式は…
　▷ 2文字の比がわかる
　▷ 1文字を他の文字で表すことができる（＝1文字消去が可能）
（例）　$2x-y=0$　→　$2x=y$　　　　$3a-4b=0$　→　$3a=4b$
　　　　　　　　→　$x:y=1:2$　　　　　　　　　　→　$a:b=4:3$
　　　　　　　　→　$y=2x$　　　　　　　　　　　→　$b=\dfrac{3}{4}a$

〔例3〕 ある数学の試験で，合格者の平均点は合格基準点よりも 15 点高く，不合格者の平均点は合格基準点よりも 25 点低かった．合格者は全受験者の 25% で，全受験者の平均点は 53 点であった．このとき，合格基準点を求めよ．

☆立式のポイント☆
未知数を…
$\Rightarrow$ ケチらない その1

[情報整理] 合格基準点 → x（点）とする．
	平均点	人数
合格者	$x+15$	全体の 25%
不合格者	$x-25$	全体の 75%
全体	53	（全体）※

※…わからない → y（人）とする．

☞下の2つの関係式は，内容的には同じことだが，(i)の方は分数の形をしているため，分母に未知数がある複雑な式になってしまう恐れがあるので，可能であれば避け，(ii)の方を使うことが望ましい．

(i)　（平均点）＝ $\dfrac{（合計点）}{（人数）}$

(ii)　（合計点）＝（平均点）×（人数）

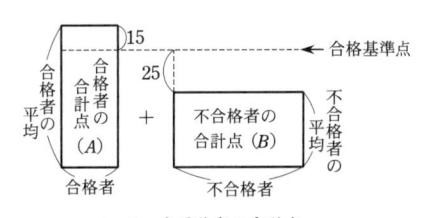

$A+B$ ＝ 全受験者の合計点

解 合格基準点を x（点）とする．

$(x+15)\times 0.25y+(x-25)\times 0.75y=53\times y$

両辺を $y(\neq 0)$ で割って，4倍して

$x+15+3(x-25)=212$　　**答え　68 点**

87

〔例4〕 一定の割合で水が流入している水そうがある．この水そうが満水のときに，全部水をくみ出すのにポンプを2台使うと70分かかり，ポンプを3台使うと42分かかる．このとき，ポンプを4台使うと何分でくみ出すことができるか．

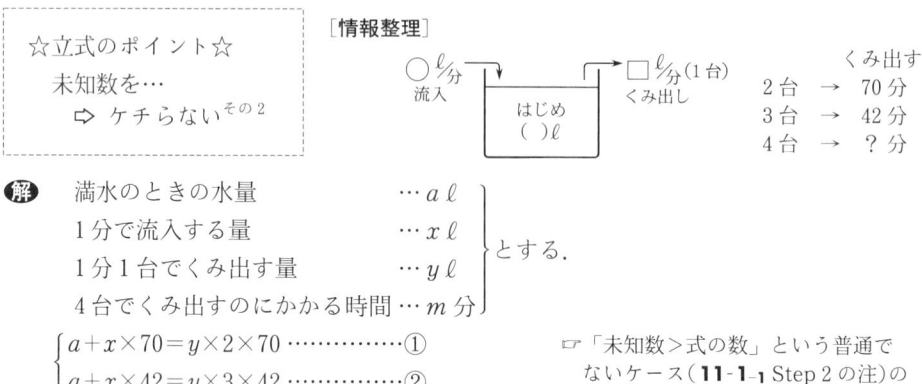

☆立式のポイント☆
未知数を…
 ⇨ ケチらない その2

[情報整理]

	くみ出す
2台 →	70分
3台 →	42分
4台 →	?分

解　満水のときの水量　　　　…$a\,\ell$
　　1分で流入する量　　　　…$x\,\ell$
　　1分1台でくみ出す量　　…$y\,\ell$ 　とする．
　　4台でくみ出すのにかかる時間…m分

$\begin{cases} a + x \times 70 = y \times 2 \times 70 & \cdots\cdots① \\ a + x \times 42 = y \times 3 \times 42 & \cdots\cdots② \end{cases}$

①−②（より）　$y = 2x$　………③
③を①に代入（より）　$a = 210x$　……④
∴　$210x + x \times m = 2x \times 4 \times m$
両辺を$x(\neq 0)$で割って，$m = 30$　　答え　**30分**

☞「未知数＞式の数」という普通でないケース（**11-1-1** Step 2の注）の一つに，＜定数項のない式を含む場合＞というのがあり，この場合は2文字の比がわかる（1文字消去が可能）ということ．

☞③，④が分かった段階で，2つの式①，②とも，xだけの式で表すことができるようになった．

11-3-2　立式の実例 —— 立式のための視覚化(ヴィジュアル) ——

〔例1〕 ビーカーAにはx％の食塩水が200g，ビーカーBには10％の食塩水が200g入っている．Aの食塩水50gをBに移し，よくかき混ぜて，Bの食塩水をAに移すと，Aの食塩水は6％になった．このとき，xの値を求めよ．

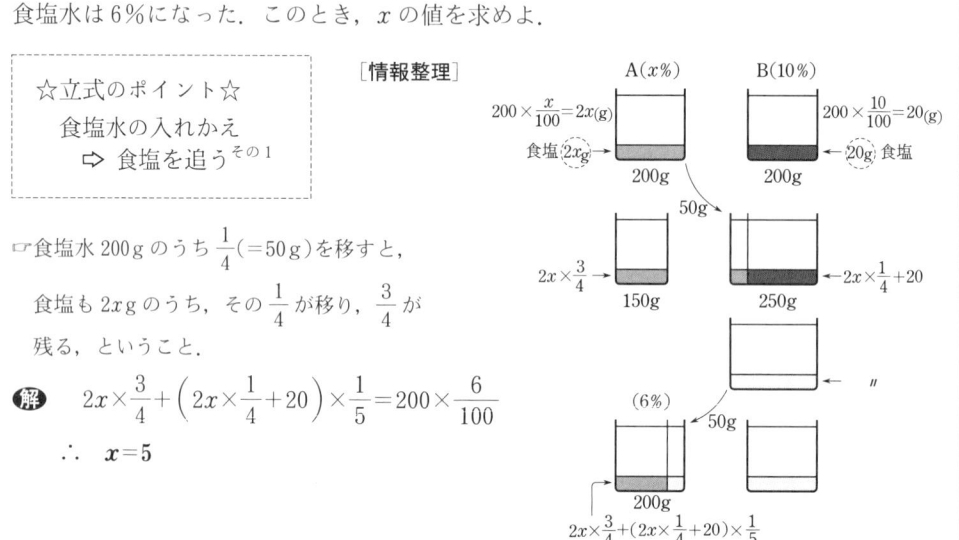

☆立式のポイント☆
食塩水の入れかえ
 ⇨ 食塩を追う その1

[情報整理]

☞食塩水200gのうち$\frac{1}{4}$（＝50g）を移すと，食塩も$2x$gのうち，その$\frac{1}{4}$が移り，$\frac{3}{4}$が残る，ということ．

解　$2x \times \dfrac{3}{4} + \left(2x \times \dfrac{1}{4} + 20\right) \times \dfrac{1}{5} = 200 \times \dfrac{6}{100}$

∴　$x = 5$

〔例2〕 16%の食塩水500gからxgをとり出し，水xgを入れよくかきまぜる．次に，またxgをとり出して水xgを入れよくかきまぜたところ，9%の食塩水になったという．このとき，xの値を求めよ．

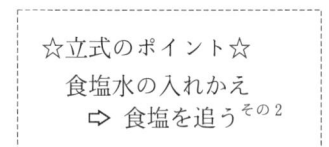

☆立式のポイント☆
食塩水の入れかえ
⇨ 食塩を追う その2

[情報整理]

食塩水500g(食塩80g)から食塩水xgをとり出すと
食塩水…$(500-x)$g残り
食塩……$\left(80 \times \dfrac{500-x}{500}\right)$g残る．

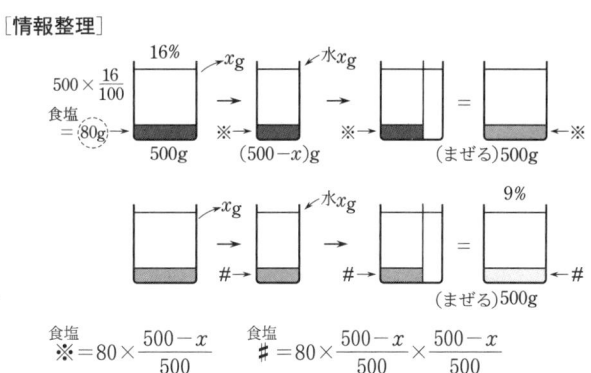

食塩 ※ $= 80 \times \dfrac{500-x}{500}$　　食塩 ♯ $= 80 \times \dfrac{500-x}{500} \times \dfrac{500-x}{500}$

解 $500 \times \dfrac{16}{100} \times \dfrac{500-x}{500} \times \dfrac{500-x}{500} = 500 \times \dfrac{9}{100}$ $(x > 0)$

$80 \times \left(\dfrac{500-x}{500}\right)^2 = 45$ ∴ $\left(\dfrac{500-x}{500}\right)^2 = \dfrac{9}{16}$ ∴ $\dfrac{500-x}{500} = \pm\dfrac{3}{4}$

これより，$x = 125$

〔例3〕 A，Bの2人が，12km離れた2地点P，Q間を，それぞれ一定の速さで往復した．AはP地点を，BはQ地点を，同時に出発した．A，BはR地点ではじめて出会ってから2時間30分後に，R地点よりも4.5km P地点に近いS地点で再び出会った．A，B2人の速さをそれぞれ求めよ．

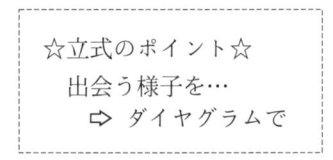

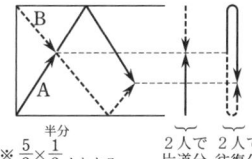

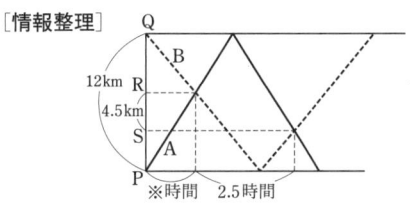

☆立式のポイント☆
出会う様子を…
⇨ ダイヤグラムで

[情報整理]

A…$x$km/時
B…$y$km/時 とする．

※ $\dfrac{5}{2} \times \dfrac{1}{2}$ とわかる　　※時間 $= \dfrac{5}{4}$ 時間

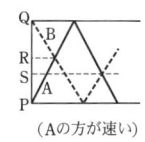

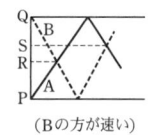

解 $\begin{cases} Aの時速 x km \\ Bの時速 y km \end{cases}$ とする． $\begin{cases} x \times \dfrac{5}{4} + y \times \dfrac{5}{4} = 12 \cdots ① \\ x \times \dfrac{5}{2} - y \times \dfrac{5}{2} = 4.5 \cdots ② \end{cases}$

①，②より，$x = 5.7$，$y = 3.9$ 　答え **A 毎時 5.7km，B 毎時 3.9km**

テーマ別最重要項目のまとめ[1]

n 進法

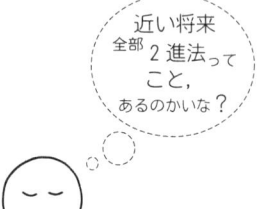

（吹き出し）近い将来全部2進法ってこと，あるのかいな？

古代人たちの数の表し方は，現代のような数字を使う方法（＝「記数法」という）ではありませんでした．位どり記数法が使われるようになって，大きい数を自由に表すことが可能になったわけですが，私たちが使っている10進法もその一つです．コンピュータの時代である現代では，2進法に代表される10進法以外の記数法が大きな意味をもつようになりました．

1-1 位取り記数法

▷数 number を数字 figure で表す方法の一つ．
　☞古くは，数 number を表すのに，いろいろな数の一つ一つに図柄，象形文字，数字，アルファベットなどをあてていた．
▷数字 figure を用いて，その配列に意味をもたせて――位取りという方法――数 number を表す．
　☞数字を横に並べて，その配列（位置）に意味があるという方法．
　　…□□□□　（10進法）
　　　　　右端　　　→　一の位
　　　　　右から2番目　→　十の位
　　　　　右から3番目　→　百の位
　　　　　右から4番目　→　千の位
　　　　　　　　　　　　　　：

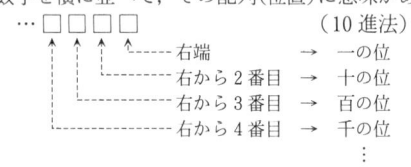

◀古代エジプトのヒエログリフ（象形文字の一種）の一つである右のスイレンの葉と茎の図柄は1000を表し，マヤでは0（ゼロ）を表すのに半分閉じた目に似た右のような形を用いていた．
また，古代ローマではアルファベットで数を表すという方法がとられていた．

100	C	1000	M
200	CC	2000	MM
300	CCC	3000	MMM

など．

1-2 10進法・2進法

［1］ 10進法
　○0～9の数字を使って数を表す．
　○1が10個集まると上の位に進む（「10進」）．
　○したがって10の累乗が位取りのもとになり，右端から
　　$1, 10^1, 10^2, 10^3, 10^4, \cdots$ と位が進む．
（例）10進法の 3265
　　3265　…　3千2百6十5 と読む
　　　　　$= 3 \times 1000 + 2 \times 100 + 6 \times 10 + 5$
　　　　　$= 3 \times 10^3 + 2 \times 10^2 + 6 \times 10^1 + 5 \times 1$

10^3	10^2	10^1	1	← 位
3	2	6	5	
千	百	十	一	ということ

[2] 2進法

○ 0と1の数字を使って数を表す.

○ 1が2個集まると上の位に進む(「2進」).

○ したがって2の累乗が位取りのもとになり，右端から
$1, 2^1, 2^2, 2^3, 2^4, \cdots$ と位が進む.

(例)　2進法の $10110\cdots$

$10110\cdots\underset{\text{イチゼロイチイチゼロ}}{10110}$ と読む(しかない)

$= 1\times 2^4 + 0\times 2^3 + 1\times 2^2 + 1\times 2^1 + 0\times 1$

2^4	2^3	2^2	2^1	1	(位)
1	0	1	1	0	ということ

⬅ 10進法のように右から4番目の位を1000の位という表し方をすると，2進法の右から4番目は8の位ということになる．

1000	100	10	1
	3	2	6	5

8	4	2	1
	0	1	1	0

---

n 進法

○ $0, 1, 2, \cdots, n-1$ の n 個の数字を使って数を表す.

○ 1が n 個集まると上の位に進む（「n 進」）．

○ したがって n の累乗が位取りのもとになり，
右端から　$1, n^1, n^2, n^3, \cdots$ と位が進む．

1-3　n 進法の変換

[I] n 進法から10進法へ

(例1)　$1101_{(2)} = \boxed{}_{(10)}$

$2^3\ 2^2\ 2^1\ 1$
$1\ \ 1\ \ 0\ \ 1_{(2)} = 1\times 2^3 + 1\times 2^2 + 0\times 2^1 + 1$
$\phantom{1\ \ 1\ \ 0\ \ 1_{(2)}} = 8 + 4 + 1$
$\phantom{1\ \ 1\ \ 0\ \ 1_{(2)}} = 13$

(例2)　$1324_{(5)} = \boxed{}_{(10)}$

$5^3\ 5^2\ 5^1\ 1$
$1\ \ 3\ \ 2\ \ 4_{(5)} = 1\times 5^3 + 3\times 5^2 + 2\times 5^1 + 4\times 1$
$\phantom{1\ \ 3\ \ 2\ \ 4_{(5)}} = 125 + 75 + 10 + 4$
$\phantom{1\ \ 3\ \ 2\ \ 4_{(5)}} = 214_{(10)}$

⬅ 以下，数字の右下に，（ ）つきの数字をつけて n 進法——右の例では10進法，2進法，5進法——を表す．

$365_{(10)}$
$101_{(2)}$
$243_{(5)}$

[II] 10進法から n 進法へ

(例1)　$67_{(10)} = \boxed{}_{(3)}$

＜方法①：手作業で＞

$3^4\ 3^3\ 3^2\ 3^1\ 1$
3進法は，$\cdots\square\ \square\ \square\ \square\ \square$ という数
67の中に　81はない
67の中に　27は2個　　$67 \div 27 = 2 \cdots 13$
13の中に　9は1個　　$13 \div 9 = 1 \cdots 4$
4 の中に　3は1個　　$4 \div 3 = 1 \cdots 1$
よって，$67_{(10)} = 2\times 3^3 + 1\times 3^2 + 1\times 3 + 1$
$\phantom{よって，67_{(10)}} = 2111_{(3)}$

$3^1 = 3$
$3^2 = 9$
$3^3 = 27$
$3^4 = 81$
$3^5 = 243$
$\vdots\quad\vdots$

⬅ ここで，再確認．

$365_{(10)}$ は
・100が3個
・10が6個　　からなる数
・1が5個　　ということ

<方法②：機械的に>

Step1　　　　　Step2　　　　　Step3

$3\ )\ 67$　　　$3\ )\ 67$　　　$3\ )\ 67$
　22…1　　$3\ )\ 22$　　　$3\ )\ 22$
　(商) (余り)　　　7…1　　$3\ )\ 7$
　　　　　　　(商) (余り)　　　2…1
　　　　　　　　　　　　　　(商) (余り)

67を3で割る　22を3で割る　7を3で割る

Step1～3をまとめて書いて…

$3\ )\ 67$
$3\ )\ 22\ …1$　ココマデ
$3\ )\ 7\ …1$　　　　　$67_{(10)} = 2111_{(3)}$
　　2…1
ココカラ

◀この計算は次のようになっている．

$3\ )\ 67$
$3\ )\ 22\ …1$　　$3×22+1$
$3\ )\ 7\ …1$　　　$3×(3×7+1)+1$
　　2…1　　　$3×\{3×(3×2+1)\\ +1\}+1$
　　　　　　　　　∥
　　　　　　$3^3×2+3^2×1+3×1+1$

(例2)　$55_{(10)} = \boxed{}_{(2)}$

<方法②>で

$2\ )\ 55$
$2\ )\ 27\ …1$
$2\ )\ 13\ …1$　　　$55_{(10)} = 110111_{(2)}$
$2\ )\ 6\ …1$
$2\ )\ 3\ …0$
　　1…1

◀右のように，
商＝0まで書け
ば，

↴でなく↑

と見ることが可能．

$2\ )\ 55$
$2\ )\ 27\ …1$
$2\ )\ 13\ …1$
$2\ )\ 6\ …1$
$2\ )\ 3\ …0$
$2\ )\ 1\ …1$
　　0…1

[Ⅲ]　n 進法から m 進法へ

(例1)　$1201_{(3)} = = \boxed{}_{(2)}$

$3^3\ 3^2\ 3^1\ 1$
$1\ \ 2\ \ 0\ \ 1_{(3)} = 1×3^3+1×3^2+0×3^1+1$
　　　　　　　　$= 27+9+1$
　　　　　　　　$= 37_{(10)}$　……※

一度
10進法に変換

$2\ )\ 37$
$2\ )\ 18\ …1$
$2\ )\ 9\ …0$　　※$= 100101_{(2)}$
$2\ )\ 4\ …1$
$2\ )\ 2\ …0$
　　1…0

(例2)　$2103_{(4)} = \boxed{}_{(3)}$

$4^3\ 4^2\ 4^1\ 1$
$2\ \ 1\ \ 0\ \ 3_{(4)} = 2×4^3+1×4^2+0×4^1+3×1$
　　　　　　　　$= 128+16+3$
　　　　　　　　$= 147_{(10)}$　……※

一度
10進法に変換

$3\ )\ 147$
$3\ )\ 49\ …0$
$3\ )\ 16\ …1$　　※$= 12110_{(3)}$
$3\ )\ 5\ …1$
　　1…2

1-4 n 進法の計算

(例1) $1101_{(2)} + 1001_{(2)} = \boxed{}_{(2)}$

$$\begin{array}{r} 1\ 1\ 0\ 1 \\ +\ 1\ 0\ 0\ 1 \\ \hline 1\ 0\ 1\ 1^{\sharp}\ 0 \\ \underbrace{}_{エ}\ ウ\ イ\ ア \end{array}$$

ア $1+1=10$
イ $0+1^{\sharp}=1$ ($\sharp$ くり上がりの1)
ウ $1+0=1$
エ $1+1=10$
∴ $10110_{(2)}$

$\boxed{1+1=10}$

←2つの数を10進法に直してから計算し, 計算結果を2進法にもどすという方法をとると….
Step1 $1101_{(2)} = 13_{(10)}$
$1001_{(2)} = 9_{(10)}$
Step2 $13_{(10)} + 9_{(10)} = 22_{(10)}$
Step3 $22_{(10)} = 10110_{(2)}$

$$\begin{array}{r} 2\,)\underline{\,22\,} \\ 2\,)\underline{\,11\,}\cdots 0 \\ 2\,)\underline{\,\ 5\,}\cdots 1 \\ 2\,)\underline{\,\ 2\,}\cdots 1 \\ 1\cdots 0 \end{array}$$

(例2) $1110_{(2)} - 101_{(2)} = \boxed{}_{(2)}$

$$\begin{array}{r} 1\ 1\ \cancel{1}\!^{\,1}\,0 \\ -\ \ \ 1\ 0\ 1 \\ \hline 1\ 0\ 0\ 1 \\ ウ\ イ\ ア \end{array}$$

ア 2^1 の位から1をもってきて
$10-1=1$
イ $0-0=0$
ウ $1-1=0$

(例3) $1101_{(2)} \times 111_{(2)} = \boxed{}_{(2)}$

$$\begin{array}{r} 1\ 1\ 0\ 1 \\ \times\ \ \ 1\ 1\ 1 \\ \hline 1^1\ 1\ 0\ 1 \\ 1^1\ 1\ 0\ 1 \\ 1^1\ 1\ 0\ 1 \\ \hline 1\ 0\ 1\ 1\ 0\ 1\ 1 \\ \underbrace{}_{エ}\ ウ\ イ\ ア \end{array}$$

($\sharp$ くり上がりの1)
ア $1+0+1=10$
イ $1^{\sharp}+1+1+0=11$
ウ $1^{\sharp}+1+1=11$
エ $1^{\sharp}+1=10$

←10進法経由で.
Step1 $1101_{(2)} = 13_{(10)}$
$111_{(2)} = 7_{(10)}$
Step2 $13 \times 7 = 91_{(10)}$
Step3 $91_{(10)} = 1011011_{(2)}$

$$\begin{array}{r} 2\,)\underline{\,91\,} \\ 2\,)\underline{\,45\,}\cdots 1 \\ 2\,)\underline{\,22\,}\cdots 1 \\ 2\,)\underline{\,11\,}\cdots 0 \\ 2\,)\underline{\,\ 5\,}\cdots 1 \\ 2\,)\underline{\,\ 2\,}\cdots 1 \\ 1\cdots 0 \end{array}$$

(例4) $213_{(4)} \times 32_{(4)} = \boxed{}_{(4)}$

---直接計算するための---
和と積の表
あらかじめ用意する.

(+)	1	2	3
1	2	3	10
2	3	10	11
3	10	11	12

(×)	1	2	3
1	1	2	3
2	2	10	12
3	3	12	21

$$\begin{array}{r} 2\ 1\ 3 \\ \times\ \ \ 3\ 2 \\ \hline 1\ 0\ 3^1\ 2 \\ 1\ 3^1\ 1^2\ 1 \\ \hline 2^1\ 0\ 2^1\ 0\ 2 \end{array}$$

(構造)

$$\begin{array}{r} 2\ 1\ 3 \\ \times\ \ \ \ \ 2 \\ \hline \boxed{1}\ 2 \\ 2 \\ \boxed{1}\ 0 \\ \hline 1\ 0\ 3\ 2 \end{array}$$
← $3\times 2=12$
← $1\times 2=2$
← $2\times 2=10$

$$\begin{array}{r} 2\ 1\ 3 \\ \times\ \ \ \ \ 3 \\ \hline \boxed{2}\ 1 \\ 3 \\ \boxed{1}\ 2 \\ \hline 1\ 3\ 1\ 1 \end{array}$$
← $3\times 3=21$
← $1\times 3=3$
← $2\times 3=12$

←10進法経由で.
Step1 $213_{(4)} = 39_{(10)}$
$32_{(4)} = 14_{(10)}$
Step2 $39 \times 14 = 546_{(10)}$
Step3 $546_{(10)} = 20202_{(4)}$

$$\begin{array}{r} 4\,)\underline{\,546\,} \\ 4\,)\underline{\,136\,}\cdots 2 \\ 4\,)\underline{\,\ 34\,}\cdots 0 \\ 4\,)\underline{\,\ \ 8\,}\cdots 2 \\ 2\cdots 0 \end{array}$$

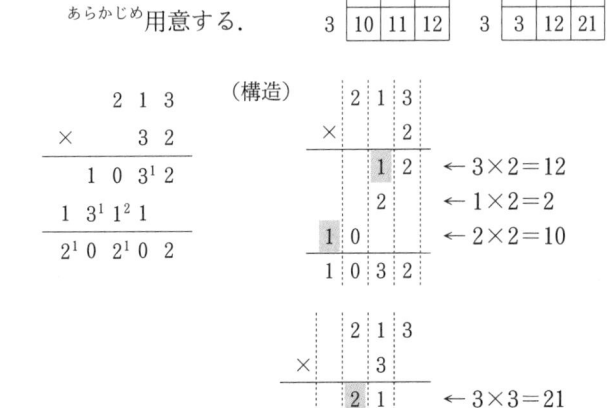

93

テーマ別最重要項目のまとめ[2]
余りの性質と「合同式」

余りって余計じゃなくて**超重要**ってことネ

整数を整数で割ったときの商と余りの関係は，実に奥深いものがあります．たとえば，すべての自然数を，3で割った余りで分類（余り0，余り1，余り2の3グループ）することができます．このような性質をより詳しく体系化して，整数を新たな観点から扱ったものが「合同式」です．知れば知るほど，その便利さ，凄さに驚かされます．

2-1 余りの性質 その1

[1] **余りによる分類**——剰余系（グループ化）
——すべての整数を余りによって分類する——
（例） 整数1〜20を「3で割った余り」で分類

3で割った余りが…
グループ
- 0 →　3　6　9　12　15　18　… A
- 1 →　1　4　7　10　13　16　19　… B
- 2 →　2　5　8　11　14　17　20　… C

◀「剰余系」＝「剰余類」
　…余りが等しい数のグループ

◀すべての整数が，3つのグループのどれかに属する，ということ．

☞ 4と13は，同じ性質（3で割った余りが1）をもった数，8と17も，同じ性質（3で割った余りが2）をもった数，ということ．

〈3で割った余り〉というグループ分けでは…

余り
4 → 1 ｝よって
13 → 1 ｝4と13は仲間

余り
8 → 2 ｝よって
17 → 2 ｝8と17は仲間
　　　　　ということ．

[2] **余りの計算①**
——普通の計算 vs 余りに着目した計算
（例1） 4＋13を3で割った余りは ___ ．

▷普通の計算
4＋13＝17
17÷3＝5…2
∴ **2**

▷余りに着目した計算
4＝3＋1, 13＝3×4＋1
4＋13＝3＋1＋3×4＋1
　　　＝3×5＋2
∴ **2**

◀この程度の計算であれば，直接和を求めてから計算した方が簡単．

☞ 実際に和を求め，その和を実際に3で割るという作業をする．

(例2) 301+526 を 3 で割った余りは □．

▷普通の計算
301+526＝827
827÷3＝275…2
答え **2**

▷余りに着目した計算
$301=3m+1$
$526=3n+1$ より
$301+526$
$=3m+1+3n+1$
$=3(m+n)+2$
答え **2**

(例3) 2011×2018 を 3 で割った余りは □．

▷普通の計算
2011×2018＝4058198
4058198÷3＝1352732…2　　答え **2**

▷余りに着目した計算
$2011=3m+1$
$2018=3n+2$) ♯　　□2010 は 3 の倍数 } より
　　　　　　　　　　2016 は 3 の倍数
$2011×2018=(3m+1)×(3n+2)$
$\qquad =\underline{9mn+6m+3n}+2$
$\qquad =3k+2$
（-----は 3 の倍数）
答え **2**

□答えだけなら(根拠を示す必要がなければ)，
♯ の段階で，直ちに，1×2＝**2** …答え
とすることができる．

◀暗算の達人でないとすると，2 つの筆算をすることになる．

```
   2011         1352732
  ×2018      3)4058198
  ─────         3
  16088         ─
  2011          10
  40220          9
  ─────         ──
 4058198        15
                15
                ──
                 8
                 6
                ──
                21
                21
                ──
                 9
                 9
                ──
                 8
                 6
                ──
                 2
```

もちろん，余りは各位の和から求めることもできる．

2-2 余りの性質 その2

[1] 余りの周期性

(例) 3^n を 7 で割った余り

	3^1	3^2	3^3	3^4	3^5	3^6	3^7	3^8	…
	3	9	27	81	243	729	2187	6561	…
7で割った余り…	3	2	6	4	5	1	3	2	…

　　　　　このサイクル

□この余りのサイクルは，実は…．

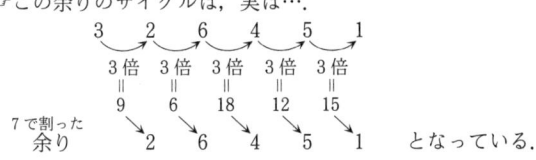

3 → 2 → 6 → 4 → 5 → 1
3倍 3倍 3倍 3倍 3倍
＝   ＝   ＝   ＝   ＝
9   6   18   12   15
↓   ↓   ↓   ↓   ↓
7で割った余り
2   6   4   5   1　　となっている．

[2] 余りの計算②

(例) 3^{2012} を 7 で割った余りは □．

上のサイクルより，2012÷6＝335…2
∴ **2**　　　↑ 336 サイクル目の 2 番目

◀余りだけを追えばよいのは…

$3^n = 7 \times a + b$ とすれば
　　　　　　　　) 両辺を3倍
$3^{n+1} = 7 \times 3a + 3b$
　　　　　　　─── ───
　　　　7で割り切れる　この部分を 7 で割った余りを求めればよい
（から）

2-3 合同式

[1] 合同式とは

> 整数 a, b を正の整数 m で割ったときの余りが等しい（すなわち $a-b$ が m で割り切れる）とき，
>
> a と b は m を法として合同である という．
>
> （これを式にすると…）
>
> $a \equiv b \pmod{m}$ … 合同式 という

◀ mod = modulo　モジュロー と読む

「～を法として合同」とは…，＜～で割った余りという分類からすれば同じ仲間・同じ数＞ということ．

　$a \equiv b \pmod{m}$ ということは，
　$a - b = m$ の倍数
∴ $a = b + m$ の倍数 ということ （※）

（例）　$37 \equiv 2 \pmod{7}$ とは…
　　　　$37 \div 7 = 5 \cdots 2,\ 2 \div 7 = 0 \cdots 2$　←余りが同じ
　　　　$(37-2) \div 7 = 0$　　　　　　　←差が割り切れる
○ $10 \equiv \square \pmod{3}$　→　$\square = 1$
○ $39 \equiv \square \pmod{4}$　→　$\square = 3$
○ $3^{2012} \equiv \square \pmod{7}$　→　$\square = 2$　（前ページより）

[2] 合同式の性質 —— 同じ mod m の式で ——

> （Ⅰ）辺々を，$+$，$-$，$\times$ ことができる
> 　　$a \equiv b \pmod{m},\ c \equiv d \pmod{m}$ のとき
> 　　　⇨ $a + c \equiv b + d \pmod{m}$　①
> 　　　⇨ $a - c \equiv b - d \pmod{m}$　②
> 　　　⇨ $ac \equiv bd \pmod{m}$　③
> （Ⅱ）辺々に同じ数を $\times$ ことができる
> 　　$a \equiv b \pmod{m}$ ⇨ $ca \equiv cb \pmod{m}$
> （Ⅲ）辺々を同じだけ累乗する ことができる
> 　　$a \equiv b \pmod{m}$ ⇨ $a^n \equiv b^n \pmod{m}$
> 　　　　　　　　　　　　　　[n は自然数]

◀「辺々」というのは「左辺どうし，右辺どうし」ということ．

◀ 根拠は，（※）よりそれぞれ…．
以下，$\mathrm{mod}\ m$ で，
（Ⅰ）①　$a = b + m$ の倍数
　　　　$+)\ c = d + m$ の倍数
　　　　$\overline{a + c = b + d + m \text{ の倍数}}$
∴ $(a+c) - (b+d)$
　$= m$ の倍数
∴ $a + c \equiv b + d$
③ $ac = (b + m \text{ の倍数})$
　　　$\times (d + m \text{ の倍数})$
　　$= bd + m$ の倍数
∴ $ac \equiv bd$
（Ⅱ）$c \equiv c,\ a \equiv b$ 辺々をかけて，$ca \equiv cb$
（Ⅲ）$a \equiv b,\ a \equiv b$ 辺々をかけて，$a^2 \equiv b^2$
　$a \equiv b,\ a^2 \equiv b^2$ 辺々をかけて，$a^3 \equiv b^3$
　$a \equiv b,\ a^3 \equiv b^3$ 辺々をかけて，
　…と，くり返し，
　　$a^n \equiv b^n$

（例）
（Ⅰ）　$30 \equiv 2 \pmod{4},\ 9 \equiv 1 \pmod{4}$ のとき
　　　　$39 \equiv 3 \pmod{4}$　①　　$2 + 1 = 3$ ということ
　　　　$21 \equiv 1 \pmod{4}$　②　　$2 - 1 = 1$ ということ
　　　　$270 \equiv 2 \pmod{4}$　③　　$2 \times 1 = 2$ ということ
（Ⅱ）　$10 \equiv 1 \pmod{3}$ のとき，両辺に 10 をかけて
　　　　$100 \equiv 10 \pmod{3}$ より
　　　　$100 \equiv 10 \equiv 1$
（Ⅲ）　$10 \equiv 1 \pmod{9}$ より
　　　　$10^{30} \equiv 1^{30}$　（$1^{30} = 1$ だから）
　　　∴ $10^{30} \equiv 1$　← 10^{30} を 9 で割った余りは 1！

[3] 合同式の利用

(例1) 2011×2018 を3で割った余りは ☐.

mod 3 として,
$2011 \equiv 1$, $2018 \equiv 2$ より
$2011 \times 2018 \equiv 1 \times 2 = \mathbf{2}$ … 答え

(例2) $1001^4 + 2002^4$ を5で割った余りは ☐.

mod 5 として,
$1001 \equiv 1$, $2002 \equiv 2$ より
$1001^4 + 2002^4 \equiv 1^4 + 2^4$
$= 17$ $17 \equiv 2 \pmod{5}$ ということ
$\equiv \mathbf{2}$ … 答え

(例3) 7^{100} を8で割った余りは ☐.

mod 8 として,
$7 \equiv -1$ より, $7^{100} \equiv (-1)^{100} = \mathbf{1}$ … 答え

☞負の整数についても, 正の整数と同様のグループ分けができる.

3で割った余り $\begin{cases} 0 \leftarrow -6, -3, 0, 3, 6, \cdots \\ 1 \leftarrow -5, -2, 1, 4, 7, \cdots \\ 2 \leftarrow -4, -1, 2, 5, 8, \cdots \end{cases}$

(例4) ① 3^6 を7で割った余りは ☐.
② 3^{2012} を7で割った余りは ☐.

mod 7 として,
$3^6 \equiv 1$ (☞p.95, 2-2[1]より)
$3^{2012} = (3^6)^{335} \times 3^2$
$\equiv 1^{335} \times 3^2$
$\equiv 1 \times 2$
$= \mathbf{2}$ … 答え

(例5) 7で割ると4余る数と7で割ると5余る数の積を7で割ったときの余りは ☐.

mod 7 として,
7で割ると4余る数を a とすると, $a \equiv 4$
7で割ると5余る数を b とすると, $b \equiv 5$
これより, $a \times b \equiv 4 \times 5 \equiv \mathbf{6}$ … 答え

(例6) 今日は土曜日であるとき,
① 10^6 日後は ☐ 曜日.
② 3^{100} 日後は ☐ 曜日.

mod 7 として,
① $10 \equiv 3$ より, $10^6 \equiv 3^6$, $3^6 = (3^2)^3 = 9^3$
$9^3 \equiv 2^3 = 8 \equiv 1$ → **日** … 答え
② $3^{100} = (3^2)^{50} = 9^{50} \equiv 2^{50} = 2^{48} \times 2^2 = (2^3)^{16} \times 4$
$= 8^{16} \times 4 \equiv 1^{16} \times 4 = 4$ → **水** … 答え

◀天才数学者ガウス(カール・フリードリッヒ・ガウス Carl Friedrich Gauss, 1777-1855)が考案したこの記号と理論の画期的というより革命的意義については, より高度な問題になるほどその凄さを実感させられる.

◀$1998^4 \equiv \square \pmod{5}$ の場合,
$1998 \equiv -2 \pmod{5}$ より
$1998^4 \equiv (-2)^4 = 16 \equiv 1$
∴ ☐ $=1$
1998^4 を5で割った余りは1
というように負の整数とのペアを使うことができる.

◀合同式を使わないとすれば, 余りの周期を追って求めることになる.

◀普通に解くのであれば….
$(7m+4) \times (7n+5)$
$= 49mn + 35m + 28n + 20$
$= 7(7mn + 5m + 4n + 2) + 6$
より, 答え6

◀7で割った余りの判定ということ.

97

テーマ別最重要項目のまとめ [3]

互いに素

互いに素
って言葉
覚えよ，
ということネ

2つの整数の関係を扱うとき，「1以外に共通の約数をもたない」という性質は，整数関連の様々な応用問題の中心的なテーマとなります．問題文中にこの言葉があるか否かに関係なく「互いに素」という観点から2数の性質を明らかにする手法を，ぜひ身につけてください．整数問題解決のキー・ワードの一つです

3-1 「互いに素」という概念

互いに素とは…

2つの整数の間に，

1以外の公約数がないとき，

この2数は〈互いに素である〉という．

(同じことだが…)

2つの整数 A，B は互いに素

⇨ A，B の最大公約数は 1 ということ

← 2つの整数が「互いに素」であるかどうかということと，それらが「素数」かどうかということは，関係ない．

(例) 2と3, 4と5, 15と28, … (など)

3-2 「互いに素」である数の個数

［例］ n 以下の自然数で，n と互いに素である自然数の個数を $f(n)$ とする．$f(60)$ を求めよ．

解 $60 = 2^2 \times 3 \times 5$ だから，「60と互いに素」とは…

→ 60と1以外の共通の約数をもたない

→ 2でも3でも5でも割り切れない (ということ) …*

〈求め方その1〉 書き出し＋周期性から

2・3・5の最小公倍数は30,

1～30で * である数は

1, 7, 11, 13, 17, 19, 23, 29 の8個

31～60にも，2の倍数，3の倍数，5の倍数が<u>等間隔で並んでいる</u>から，$f(60) = 8 \times 2 = \mathbf{16}$

☞ 整数問題そのものや，整数がテーマの場合の数の問題で大きな意味をもってくるので，----部分は確認しておくこと．

← ア…2で割れる数
  イ…3で割れる数 を○とする
  ウ…5で割れる数

```
    1 2 3 4 5 6 … 27 28 29 30
ア→   ○   ○   ○        ○      ○
イ→     ○     ○            ○
ウ→         ○                    ○

    31 32 33 34 35 36 … 57 58 59 60
ア→    ○    ○    ○         ○      ○
イ→       ○       ○             ○
ウ→             ○                   ○
```

98

〈求め方その2〉 ベン図で

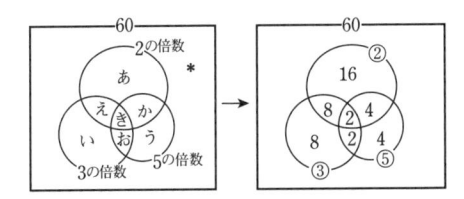

これより, $f(60)=$ ＊
$= 60-(16+8+4+8+2+4+2)$
$= \mathbf{16}$

〈求め方その3〉 オイラー関数という知識で

$$f(60)=60\times\left(1-\frac{1}{2}\right)\times\left(1-\frac{1}{3}\right)\times\left(1-\frac{1}{5}\right)$$
$$=60\times\frac{1}{2}\times\frac{2}{3}\times\frac{4}{5}=\mathbf{16}$$

☞〈覚え方〉　　　　　［取り去る］［残り］

2の倍数…2個に1個　　$\frac{1}{2}$　　$1-\frac{1}{2}$

3の倍数…3個に1個　　$\frac{1}{3}$　　$1-\frac{1}{3}$

5の倍数…5個に1個　　$\frac{1}{5}$　　$1-\frac{1}{5}$

〈30＝2×3×5〉で確認せよ※
○1～30から2の倍数を除くと残りは半分 当然！
○その残りの中に3の倍数が3分の1, 残りが
　3分の2←本当か？（ア）
○その残りの中に5の倍数が5分の1, 残りが
　5分の4←本当か？（イ）

3-3 「互いに素」という概念を使う

[例1] 最大公約数が6, 最小公倍数が240となる2ケタの2数A, Bを求めよ. ただし, $A<B$とする.

解 $A=6a$, $B=6b$（a, bは互いに素で, $a<b$とする）と, $6ab=240$より, $ab=40$

これより, $a=5$, $b=8$

∴ $A=6\times 5=\mathbf{30}$
　$B=6\times 8=\mathbf{48}$

	a	×	b	$=40$	
×	1		40	…※	
×	2		20	}	互いに素でない
×	4		10		
○	5		8		

※ $\begin{cases} A=6\times 1 \cdots 1\text{ケタ} \\ B=6\times 40 \cdots 3\text{ケタ} \end{cases}$

☞下線部の断り書きがないと$6ab=240$とすることはできない. また, $ab=40$となる2数a, bをしぼり込むのに欠かせない条件といえる.

◀ $60\div 2=30$ …あえかき
$60\div 3=20$ …いえおき
$60\div 5=12$ …うおかき
$60\div 6=10$ …　　えき
$60\div 10=6$ …　　かき
$60\div 15=4$ …　　おき
$60\div 30=2$ …　　　き

◀知っていると便利とはこのこと.

┌─────────────────┐
│ オイラー関数 $\varphi(n)$ │
│ n以下の自然数で　　　　│
│ nと互いに素である　　　│
│ ものの個数のこと　　　　│
└─────────────────┘

　　ファイ　パイ　　アルファ ベータ ガンマ
☞ φは, πと同様, α, β, γと続くギリシャ語のアルファベットの一つ.

※（ア）について.

1 2 3 4 5 6 ┊ 7 8 9 10 11 12 ┊ 13
○× ○× ○× ┊ ○× ○× ○× ┊ ○
　↓　　　　　　　↓
　○　　×　　　　○　　×

…19 20 21 22 23 24 ┊ 25 26 27 28 29 30
　○× ○× ○× ┊ ○× ○× ○×
　　↓　　　　　　　　↓
　　○　　×　　　　　○　　×

（イ）について.
残っている10個…
1 5 7 11 13 17 19 23 25 29
○○○○○○○○○○
　↓
○×○○○○○○×○

確かに5分の1除き, 5分の4残る…となっている.

◀ $A=aG$, $B=bG$（a, bは互いに素）のとき,

┌─────────────┐
│ 最小公倍数　最大公約数 │
│ $L = abG$ │
└─────────────┘

$\begin{array}{c|cc} G & aG & bG \\ \hline & a & b \end{array} \Rightarrow G\times a\times b \\ =L$

[例2] 正方形をたて・横に並べてつくった長方形を，図①，図②のように一つの対角線で切ると，もとの正方形のうち，図①では[　]枚，図②では[　]枚が2つに切断される．

同じようにたてに9枚，横に15枚並べてつくった長方形を一つの対角線で切ると，もとの正方形のうち[　]枚が2つに切断される．

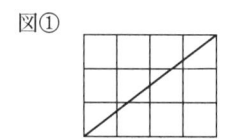

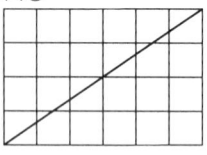

解 図①は，対角線が
横方向……4つ
たて方向…3つ
進む．影のついた(左下の)正方形をダブって数えているので，4+3−1=**6**(枚)

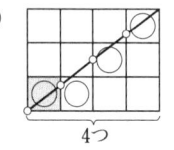

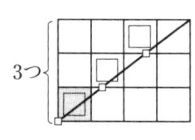

図②は，同様に，点線の長方形内で
2+3−1=4
これをくり返すから，
4×2=**8**(枚)
となっている．

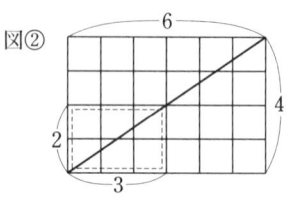

☞ 4と6の最大公約数は2で，4÷2=2，6÷2=3 より，たて2枚・横3枚の2個分，となっている．

同様にして，9と15の最大公約数は3
9÷3=3, 15÷3=5, よって
(3+5−1)×3=**21**(枚)

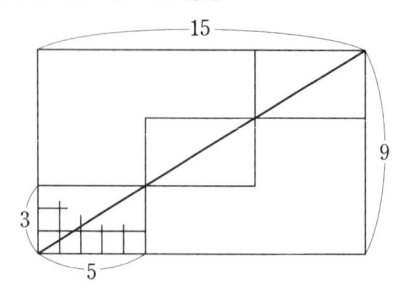

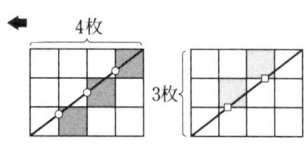

3つの壁を突き破り…　2つの床を突き抜け…
(4−1=3…壁)　(3−1=2…床)

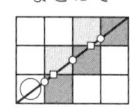

まとめて

(4−1)+(3−1)+1
　　　　　　↑
　　　　左下の1個

と考えてもよい．

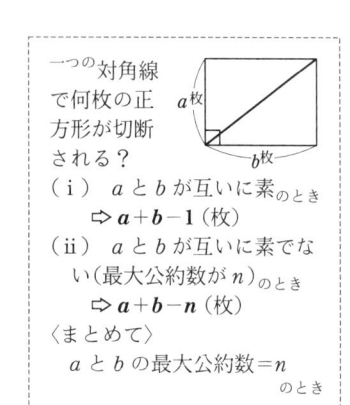

一つの対角線で何枚の正方形が切断される？
(i) aとbが互いに素のとき
　⇨ $a+b-1$(枚)
(ii) aとbが互いに素でない(最大公約数がn)のとき
　⇨ $a+b-n$(枚)
〈まとめて〉
　aとbの最大公約数=n のとき
　$a+b-n$(枚)

(ii)は，$\left(\dfrac{a}{n}+\dfrac{b}{n}-1\right)\times n$ だから．

[例3] 正 n 角形の頂点のすべてを，次の①，②のルールで，次々に一筆書きの要領で結んで図形をつくる．

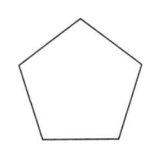

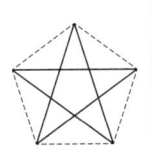

① 頂点から次の頂点へは直線で結び，その長さはすべて同じである（辺上を結んでもよい）．
② 最後は最初の頂点へもどる．

$n=5$ のときは，図のように 2 通り考えられる．

$n=10$ のときは，何通りの図形が考えられるか．また，$n \leqq 16$ のとき，4 通りの図形が考えられる n の値をすべて求めよ．

解 頂点に 1〜10 の番号をつけて図示すると，ルールどおりの図形（○印がついたもの）は，

最初に向かう番号が 1, 3 のときの，**2 通り**．

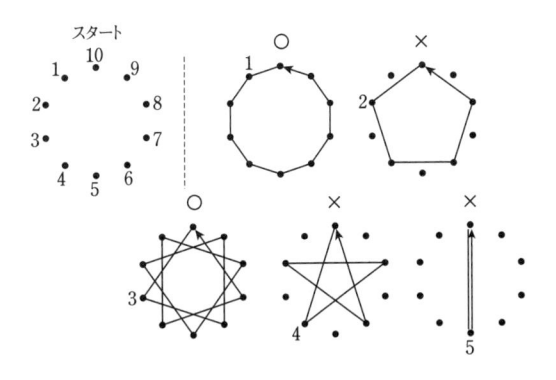

番号 1・3 ……10 と互いに素である
番号 2・4・5…10 と互いに素でない（となっている）

n の半分以下の数が n 自身と互いに素であるものに○印をつけると…

n	n
3 … ①	10 … ① 2 ③ 4 5
4 … ① 2	11 … ①②③④⑤
5 … ①②	12 … ① 2 3 4 ⑤ 6
6 … ① 2 3	13 … ①②③④⑤⑥
7 … ①②③	14 … ① 2 ③ 4 ⑤ 6 7
8 … ① 2 ③ 4	15 … ①②③ 4 ⑤ 6 ⑦
9 … ①② 3 ④	16 … ① 2 ③ 4 ⑤ 6 ⑦ 8

以上より，n の半数以下で n 自身と互いに素な数が 4 個であるものは，$n=15, 16$

よって，4 通りの図形ができるのは，**15, 16**

◀左半分の番号についてだけ調べればよい（右半分については，左半分へ進んだときと同じ図形ができる）．

3 ずつ進むと，3 と 10 の最小公倍数 30 まで，10 回（辺）で進むが，4 ずつ進むと，4 と 10 の最小公倍数 20 まで，5 回（辺）で進み終了となり，すべての番号（頂点）を経由しない．

テーマ別最重要項目のまとめ[4]

ピタゴラス数

探す方法，いろいろある というのは興味深い！

数学者の名前がついた数がいくつかありますが，これもその一つです．導入なしに「ピタゴラス数」を何組か答えよ，という設問は普通の入試では考えにくいのですが，導入小問つきで取り上げられることは，ときどきあるので，経験しておいた方がよいでしょう．そして，せっかく経験したら，導く手順を整理しておきましょう．

4-1 ピタゴラス数とは

直角三角形の3辺の長さとなる3つの整数の組のこと．

(例) $(3, 4, 5)$ ← $3^2 + 4^2 = 5^2$
$(5, 12, 13)$ ← $5^2 + 12^2 = 13^2$

◀その3つの整数の組 x, y, z を，以下 (x, y, z) と表す．

4-2 ピタゴラス数のつくり方

(方法Ⅰ) 奇数列の和

―― 奇数列の和 ――
$$1+3+5+\cdots+(2n-1)=n^2$$
（n番目の奇数）

という性質を利用．

n 番目の奇数が平方数のとき…．

(例1)
$$1+3+5+7+9=5^2$$
（5番目）
$\underbrace{1+3+5+7}_{4^2}=3^2$ （4番目）

これより，
$$3^2+4^2=5^2$$
$$\therefore (3, 4, 5)$$

(例2)
$$1+3+5+\cdots+49=25^2$$
（25番目）
$\underbrace{1+3+5+\cdots}_{24^2}=7^2$ （24番目）

これより，
$$7^2+24^2=25^2$$
$$\therefore (7, 24, 25)$$

(例3)
$$1+3+5+\cdots+81=41^2$$
（41番目）
$\underbrace{1+3+5+\cdots}_{40^2}=9^2$ （40番目）

これより，
$$9^2+40^2=41^2$$
$$\therefore (9, 40, 41)$$

◀1からn番目の奇数までの和は
$1 \qquad\qquad =1^2$
$1+3 \qquad\quad =2^2$
$1+3+5 \qquad =3^2$
$\vdots$
$1+3+5+7+\cdots+\underset{n\text{番目の奇数}}{\bigcirc}=n^2$
ということ．

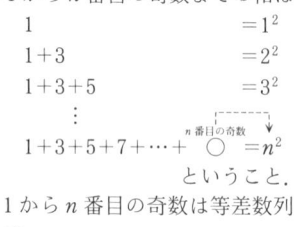

1からn番目の奇数は等差数列で，
$$\{1+(2n-1)\}\times n \times \frac{1}{2}$$
（n番目の奇数）
$=n^2$
と確認できる．

102

（方法Ⅱ）

```
┌─── a, b は互いに素で a>b として ───┐
│    次の式を満たす a, b              │
│        $(a^2-b^2)^2+(2ab)^2=(a^2+b^2)^2$ │
│    が，ピタゴラス数をつくる．        │
└──────────────────────────────────┘
```

この式の出どころは…．

$(x+y)^2=x^2+2xy+y^2$ ……………①

$(x-y)^2=x^2-2xy+y^2$ ……………②

①−②より，$(x-y)^2+4xy=(x+y)^2$ …………※

ここで，$x=a^2, y=b^2$ とすると，

※は，$(a^2-b^2)^2+(2ab)^2=(a^2+b^2)^2$ と表すことができる．

$$\underset{P}{\underline{(a^2-b^2)^2}}+\underset{Q}{\underline{(2ab)^2}}=\underset{R}{\underline{(a^2+b^2)^2}}$$

◂①−②より，
$(x+y)^2-(x-y)^2=4xy$
は，大事な計算式．
$x+y=\sqrt{3}, x-y=1$
のとき，$xy=$?
という計算で利用する．

（例）

a	b	P	Q	R				
2	1	(3,	4,	5)				
3	1	(8,	6,	10)	→	(4,	3,	5)
4	1	(15,	8,	17)				
5	1	(24,	10,	26)	→	(12,	5,	13)
6	1	(35,	12,	37)				
⋮		⋮						
3	2	(5,	12,	13)				
5	2	(21,	20,	29)				
7	2	(45,	28,	53)				
⋮								

というように，つくることが可能．

☞難関高校受験生は，暗記する必要はありませんが，導入用の式を与えられて，その式からピタゴラス数の組を何組か求めるように指示される場合があるので，要注意．

たとえば，上記[方法Ⅱ]以外では，次の式．

$(a-b)^2+4ab=(a+b)^2$ …………………………①

①の $4ab$ の部分が平方数（例えば c^2）になるような a, b を設定すれば，

$(\ \ \ )^2+(\ \ \ )^2=(\ \ \ )^2$ という形ができることになります．

$4ab$ が平方数になるためには，a, b の両方が平方数であればよいので，$(a, b)=(4, 1), (9, 4), …$とすることによって，ピタゴラス数が次々に見つかります．

テーマ別最重要項目のまとめ［5］

カタラン数

> カタランって人の名前！

これも，数学者の名がついた有名な数の一つです．一見普通の整数問題，普通の場合の数の問題と思われる問題が「実はカタラン数」ということがあります．このことに気づくか否かで解法がまったくちがったものになり，気づかないと苦戦を強いられます．「あっ，これカタラン数の問題だ」と気づくことが，まず大事，ということです．

5-1 カタラン数とは

カタラン数
1, 2, 5, 14, 42, …

◀カタラン(Catalan)はベルギーの数学者(1814-1894).

（例1） 白いご石が n 個，黒いご石が $n-1$ 個のご石があり，この $2n-1$ 個のご石を一列に並べる．ただし先頭から何個目まで数えても白いご石の方が多くなっているように並べるものとする．
（1） $n=4$ のとき，並べ方は何通りあるか．
（2） $n=5$ のとき，並べ方は何通りあるか．

（例2） 右の図のように，上下2段のマス目があり，この中に $1 \sim 2n$ の整数を次のルールで入れていく．

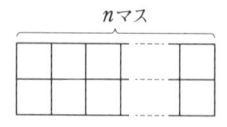

＜ルール1＞ マス目の右の方が数が大きい．
＜ルール2＞ マス目の下の方が数が大きい．

（1） $n=3$ のとき，マス目に $1 \sim 6$ の整数を入れる入れ方をすべて書き出せ．
（2） $n=6$ のとき，マス目に $1 \sim 12$ の整数を入れる入れ方は全部で何通りあるか．

（例1）（1） **解** その1　樹形図を書いて調べる．
白いご石…○，黒いご石…× とする．

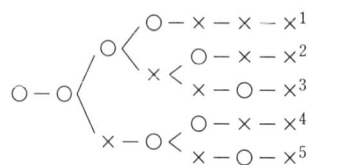

```
         ○-×-×¹
      ○<
     /   ○-×-×²
○-○< ×<
     \   ×-○-×³
      ×-○<
         ×-×-○... 
```
○-×-×¹
○-○-×²
×-○-×³
○-×-×⁴
×-○-×⁵

5通り

◀小学生時代に目にしたことがある人も多いはずの「オオカミとヒツジ」（を檻(おり)に入れる）のパズル問題と同じテーマです．

解 その2　道順に対応させて数える.

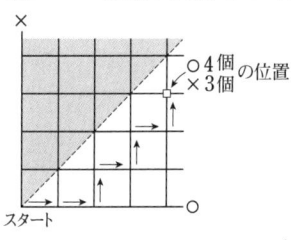

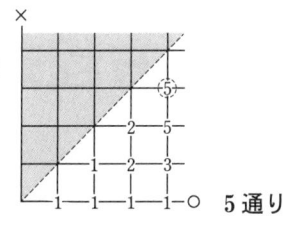

```
○4個の位置
×3個
```

スタート

上の矢印の例
○○×○×○×

5通り

（網目部分 … ×が○より多い
　点線上　 … ×と○が等しい）

（2）**解** その2（で）

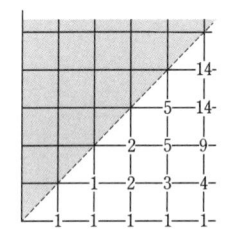

14通り

(例2)
（1）**解**

| 1 | 2 | 3 | ア
| 4 | 5 | 6 |

| 1 | 3 | 5 | イ
| 2 | 4 | 6 |

| 1 | 3 | 4 | ウ
| 2 | 5 | 6 |

| 1 | 2 | 5 | エ
| 3 | 4 | 6 |

| 1 | 2 | 4 | オ
| 3 | 5 | 6 |

（2）（1）は，1～6を上段に入れる場合…○
　　　　　　　　　下段に入れる場合…× とすると

ア　○○○×××
イ　○×○×○×
ウ　○×○○××
エ　○○××○×
オ　○○×○××
　　：：：：：：
　　1 2 3 4 5 6

どれも，先頭から見て○と
×が同数か○が×より多い，
となっている.

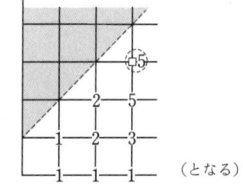

（となる）

同じように，
1～12の場合

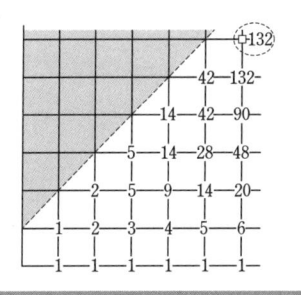

132通り

◀結果がカタラン数になる有名問題として…
・（ ）を使った計算
・多角形を三角形に分割する
・円形に並んでロープをはる
など，がある.
　n 番目のカタラン数を C_n とすると，
$$C_n = {}_{2n}C_n - {}_{2n}C_{n-1}$$
$$= \frac{{}_{2n}C_n}{n+1}$$
となる（覚える必要はないが，左のような道順に対応させた証明方法は，インターネットのいろいろなサイトで紹介されていて，中学生にも充分理解できるものである）.

◀(例1)と同じテーマ.
　(例1)との違いは，(例2)の方は，同数になってもよいということ.

テーマ別最重要項目のまとめ [6]

不定方程式

自然数とか 0以上の整数 なら 定まる ということね

教科書で扱われていないのに昔から入試で頻繁に登場する不思議なテーマです．「未知数＝式の数」である方程式の1次と2次では解法がまったく違うのと同様，と「未知数＜式の数」である不定方程式も，1次と2次では，解法の手順が完全に違います．自然数また負でない整数という条件があれば，「不定」でなくなる，不定な方程式です．

6-1 不定方程式とは…

▷ $x+2y=1$ や $xy=3x-2y$ などのように，その式を満たす未知数（＝解）が無数に存在する——つまり解が定まらない——方程式を不定方程式という．

　□厳密には「解はある（無数にある）」という意味で，「解なし」ではなく，解けないということでもない．

▷ ただし，一定の条件下にある不定方程式は極めて重要．
　（その1）「自然数という条件」
　（その2）「整数という条件」

つまり，「不定方程式の自然数解を求める」問題
　　　　「不定方程式の整数解を求める」問題
は，数学的に（高校入試数学でも）大きな意味をもってくる．

◀高校数学では，「解がない」と「解が定まらない」の違いは，それなりに大きな意味をもってくるが，高校入試では解のない方程式を扱うことはほとんどない．

6-2 未知数＞式の数

▷ 解が定まる（不定とはならない）のは，
　　　　未知数＝式の数
となる場合である．

▷ 解が定まらない（不定となる）のは，
　　　　未知数＞式の数
となる場合である．　　この式に…

（例）・$x+2y=8$　→　（ただし，x, y は自然数）
　　　・$xy=3x-2y$　→　（ただし，x, y は整数）

　　これだけでは……　　この条件のもとで……
　　解が定まらない　　　解が定まる
　　　　　　　　　　　　　　ということになる．

◀文章題などで，
普通の問題で…
▷ 未知数2個なら式2個必要
　未知数3個なら式3個必要
となるが，
応用問題で…
▷ 未知数2個で式1個
　未知数3個で式2個
という場合でも，個数や人数が未知数であれば解が定まることになるということ．

6-3　1次の不定方程式

[タイプ1]　**自然数解**

① $3x+4y=42$（x, y は自然数）の解は？
② $3x+5y=67$（x, y は自然数）の解は？

解　[基本方針]

Step 1 : とにかく **1 組さがす**

Step 2 : あとは **いもづる**

☞「1組」さがす方法は….
○ とにかく，はしから「あてはめ」
○ 倍数の性質を利用して（そのⅠ）
○ 倍数の性質を利用して（そのⅡ）

① $3x+4y=42$ ───両辺を3で割って

$x+\dfrac{4y}{3}=14$ ……※

※の右辺は整数
※の左辺は整数　これより
y … 3の倍数 とわかる

x　y
⋮　⋮
10 ← 3
6 ← 6
2 ← 9

答え $(x, y)=(10, 3), (6, 6), (2, 9)$

⬅例（次の①）どちらも
⬅例（次の②）倍数の性質を利用．

⬅この程度なら，$x=1, 2, \cdots,$ など，順にあてはめても簡単に見つかる．この例は，3と42が3の倍数であることから，いきなり両辺を3で割ることが有効．

実は…

$3x + 4y = 42$

$\begin{matrix}10 & 3\\6 & 6\\2 & 9\end{matrix}$

4ずつ減る　　　3ずつ増える

となっている．

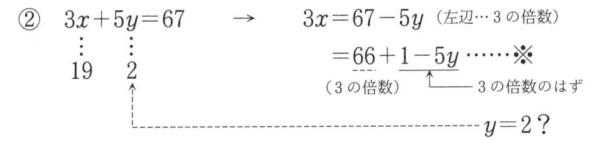

☞1組見つかれば，あとは，全て自動的にわかるということ．

⬅座標平面で，直線上にある格子点を捜すのと同じこと．

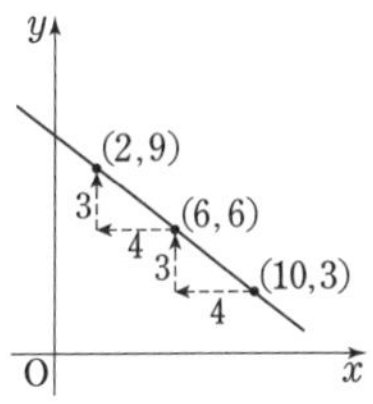

小学生の一部は，受験算数の中で，これを「いもづる算」と呼ぶ．1組見つかると，あとはいもづる式に見つかるということ．

② $3x+5y=67$ → $3x=67-5y$（左辺…3の倍数）
⋮　⋮
19　2
$=66+1-5y$ ……※
（3の倍数）　3の倍数のはず
 → $y=2$?

$3x=67-5\times 2$ より $x=19$（1組発見）

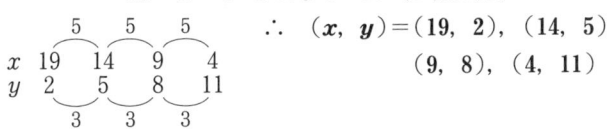

∴ $(x, y)=(19, 2), (14, 5), (9, 8), (4, 11)$

x 19　14　9　4
y 2　5　8　11

☞この「いもづる」方式は，次のような問題で威力を発揮．
（問題）　$41x+62y=20000$（x, y は自然数）………※
（1）　$x+y=370$ のとき，x, y を求めよ．
（2）　※の解を求めよ．
──（2）を，正面から解く必要なし（ということ）．つまり，（1）で，すでに解決！（ということ）

⬅②の例は，左辺を3の倍数とその残りに分けて…という発想．

⬅(1)は連立方程式で
$x=140, y=230$ とわかり，
(2)は，次のように書き出して

$x=\cdots 78\ 140\ 202\ 264\cdots$
$y=\cdots 271\ 230\ 189\ 148\cdots$

わかっている

終わる．

107

[タイプ2] 整数解

$5x-3y=4$ (x, y は整数)を満たす x, y はどのような数か.

解 $5x-3y=4$
⋮ ⋮
2 2 （1組発見）

x : 2, 5, 8, 11, … $\boldsymbol{x=3n+2}$
y : 2, 7, 12, 17, … $\boldsymbol{y=5n+2}$ (n は整数)
…答え

☞ x は，3で割ると2余る数
　y は，5で割ると2余る数 ということ．

☞ $x=3n+2$, $y=5n+2$ のように，n が特定の値をとることによって，x, y などの解が定まるとき，このように表された解を「一般解」という．

[1次の不定方程式の一般解の求め方]（例）

---- $x=2$, $y=2$ という解を見つけた後 ----
（解）　$5x-3y=4$　　　…(i)
$-)\ 5\cdot2-3\cdot2=4$　…(ii)
　　$5(x-2)-3(y-2)=0$
∴ $5(x-2)=3(y-2)$　　5と3は互いに素(なので)
　$x-2=3n$ とおける．
∴ $x=3n+2$　　　　$\dfrac{5(x-2)}{3}=y-2$
また $5\times 3n=3(y-2)$ より　　整数 ← 整数
　$y-2=5n$
∴ $y=5n+2$
∴ $\begin{cases} x=3n+2 \\ y=5n+2 \end{cases}$ (n は整数)

◀ $y=\dfrac{5}{3}x-\dfrac{4}{3}$ より，今度は図のように，グラフは右上がりで，直線上の格子点は，x, y ともに増加する位置にある．

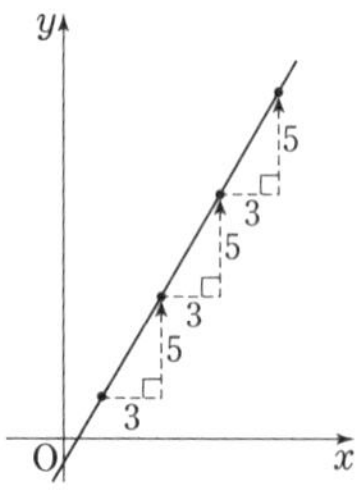

◀ 一般に
（a, b, c が整数のとき）…
□ a, b が互いに素のとき
　$ax+by=1$
　となる整数 x, y が存在する
□ a, b の最大公約数が c のとき
　$ax+by=c$
　となる整数 x, y が存在する
ということなのですが，詳しくは高校数学で．

6-4　2次の不定方程式

[タイプ1] 次の不定方程式の自然数解を求めよ．
① $x^2-y^2=48$
② $xy-3x+2y=0$
③ $\dfrac{1}{x}+\dfrac{1}{y}=\dfrac{1}{4}$ ($x\leqq y$)

解 ① $x^2-y^2=48$　　　左辺を因数分解
　　　$(x+y)(x-y)=48$

24　2
12　4　積が偶数になるのは，2数とも偶数
8　6

$(x+y, x-y)=(24, 2), (12, 4), (8, 6)$
∴ $(\boldsymbol{x, y})=(\boldsymbol{13, 11}), (\boldsymbol{8, 4}), (\boldsymbol{7, 1})$

◀ $x+y$ と $x-y$ は奇偶が一致する．

② $xy-3x+2y=0$
  $(x+2)(y-3)+6=0$
  $(x+2)(y-3)=-6$

  $\left.\begin{array}{rr} 3 & -2 \\ 6 & -1 \end{array}\right\}$ $x+2\geqq 3$ より
  　　　　　　　└─自然数

  $(x+2,\ y-3)=(3,\ -2),\ (6,\ -1)$
  ∴ $(\boldsymbol{x},\ \boldsymbol{y})=(\boldsymbol{1},\ \boldsymbol{1}),\ (\boldsymbol{4},\ \boldsymbol{2})$

③ $\dfrac{1}{x}+\dfrac{1}{y}=\dfrac{1}{4}$ $(x\leqq y)$ 　両辺に $4xy$ をかける
  $4y+4x=xy$
  $xy-4x-4y=0$
  $(x-4)(y-4)-16=0$
  $(x-4)(y-4)=16$

  $\left.\begin{array}{rr} 1 & 16 \\ 2 & 8 \\ 4 & 4 \end{array}\right\}$ $x-4\geqq -3$ より(※)
  　　　　　└─自然数

  $(x-4,\ y-4)=(1,\ 16),\ (2,\ 8),\ (4,\ 4)$
  ∴ $(\boldsymbol{x},\ \boldsymbol{y})=(\boldsymbol{5},\ \boldsymbol{20}),\ (\boldsymbol{6},\ \boldsymbol{12}),\ (\boldsymbol{8},\ \boldsymbol{8})$

[タイプ 2] $x,\ y$ が整数であるとき，$xy-2x-3y-5=0$ の解を求めよ.

解 $xy-2x-3y-5=0$
  $xy-2x-3y\ \ \ =5$
  $(x-3)(y-2)-6=5$
  $(x-3)(y-2)=11$

  $\begin{array}{rr} 1 & 11 \\ -1 & -11 \\ 11 & 1 \\ -11 & -1 \end{array}$

  $(x-3,\ y-2)$
  $=(1,\ 11),\ (-1,\ -11),\ (11,\ 1),\ (-11,\ -1)$
  ∴ $(\boldsymbol{x},\ \boldsymbol{y})=(\boldsymbol{4},\ \boldsymbol{13}),\ (\boldsymbol{2},\ -\boldsymbol{9}),\ (\boldsymbol{14},\ \boldsymbol{3}),\ (-\boldsymbol{8},\ \boldsymbol{1})$

☞ マイナスの組を忘れないこと.
  (例)・$(x-□)(y-○)=9$ → 6組　⎫
  　　・$(x-□)(y-○)=8$ → 8組　⎭ ある.

◀ $xy+ax+by+c=0$ という形
  　　　⇓
  $(x\ \ )\times(y\ \ )=$ 数
  x の1次式 × y の1次式　という形へ
  $xy+ax+by+c=0$
  $xy+ax+by\ \ \ =-c$
  $(x+b)(y+a)-ab=-c$
  $(x+b)(y+a)=ab-c$
  　　　　　　　　(という手順で)

◀ 　　小　　大
  $(x-□)(y-○)=16$
  $\begin{array}{rr} 1 & 16 \\ 2 & 8 \\ 4 & 4 \\ -16 & -1 \\ -8 & -2 \\ -4 & -4 \end{array}$
  だけなら 6候補あるが ※より
  $\left.\begin{array}{}\end{array}\right\}$ はありえない.

◀ xy の係数が 1 でないとき，
  (例1) $9xy-6x-3y=75$
  　→ $(3x\ \ )(3y\ \ )$ とする
  　→ $(3x-1)(3y-2)-2=75$
  　→ $(3x-1)(3y-2)=77$
  (例2) $2xy+x+3y=1$
  　(両辺に 2 をかけて)
  　→ $4xy+2x+6y=2$
  　→ $(2x\ \ )(2y\ \ )$ とする
  　→ $(2x+3)(2y+1)-3=2$
  　→ $(2x+3)(2y+1)=5$

テーマ別最重要項目のまとめ [7]

数式分野の証明問題

> 数に関する証明なんてあまりやったことないな～！

図形分野の証明問題は，教科書でそれなりのスペースを与えられて詳しい説明や例題つきで扱われているのに比べ，数式分野の証明問題は，ほんの付け足し程度に出てくるだけです．入試で必要ないということはないので，自分で要点を整理して，証明の要領をときどきチェックしておくべきでしょう．

7-1　整数の性質いろいろ　基本編

（例1）　連続する2つの奇数の平方の差は，8の倍数であることを証明せよ．

解説　連続する2つの奇数を $2n+1$, $2n+3$ とする．
$$(2n+3)^2 - (2n+1)^2 = 4n^2+12n+9-4n^2-4n-1$$
$$= 8n+8$$
$$= 8(n+1) \quad \cdots\cdots① $$

①は8の倍数．

（例2）　連続する3つの整数で，中央の数の平方は，両端の2数の積より1だけ大きいことを証明せよ．

解説　連続する3つの整数を $n-1$, n, $n+1$ とする．
中央の数の平方 … n^2
両端の2数の積 … $(n-1)(n+1) = n^2-1$
$n^2 - (n^2-1) = 1$　題意は示された．

ポイント：連続する整数を文字で表す

▷ 2数
- 連続する整数　　⇨　n, $n+1$
- 連続する偶数　　⇨　$2n$, $2n+2$
- 連続する奇数　　⇨　$2n+1$, $2n+3$

▷ 3数
- 連続する3つの整数　⇨　$n-1$, n, $n+1$
- 連続する3つの偶数　⇨　$2n-2$, $2n$, $2n+2$
- 連続する3つの奇数　⇨　$2n-1$, $2n+1$, $2n+3$

（など）

☐ 連続する3つの整数を n, $n+1$, $n+2$ とすることもできるが，上記のようにする方が作業が簡単になる．

◀整数に関する証明は――．

とにかく
文字を使って表す
ことから始まる

Step 1：題意(=仮定)を…
　　　文字式で表す
Step 2：その文字式を…
　　　変形する
Step 3：変形した文字式が
　　　題意(=結論)を…
　　　示している

という流れで証明する．

◀連続する偶数と連続する奇数は次のように交互に現れる．

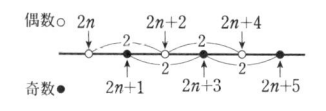

偶数○　$2n$　$2n+2$　$2n+4$
奇数●　　$2n+1$　$2n+3$　$2n+5$

110

(例3) 一の位の数が5である整数を2乗すると，つねに一の位の数が5で十の位の数が2の整数になることを証明せよ．

解説 一の位の数が5である数，
たとえば 75, 235, 2015, ….
$$75 \to 7\times10+5$$
$$235 \to 23\times10+5$$
$$2015 \to 201\times10+5$$
となっている．
$$\vdots$$

「一の位の数が5である数」は $10n+5$ と表すことができる．
$$(10n+5)^2=100n^2+100n+25$$
$$=(n^2+n)\times100+25$$
この数は，100 の倍数と 25 の和として表される数で，十の位は2，一の位は5（よって，題意は示された）．

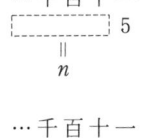

…千百十一
　　　　 5
　　　＝
　　　n

…千百十一
　　　 2 5
　　　＝
　　n^2+n

← 2～3の例をとって計算してみると確かにそうなっているが，常にそうなることを示すには，やはり文字を使うしかない．

← 結論（証明すべきこと）を最後に書いて終わってもよいが，このように，式で明らかにした後に＜よって，題意は示された＞と書いてもよい．

(例4) 794794 のように3桁の数を2回くり返してできる6桁の数は 91 で割り切れることを証明せよ．

解説 下3桁を n とすると，このような数は，$1000n+n$ と表すことができる．
$$1000n+n=1001n$$
$$=91\times11\times n$$
よって，91 で割り切れる．

794794
$=794\times1000+794$
246246
$=246\times1000+246$
$\vdots$

← 「1001」は素数ではない！
ついでに「91」も素数ではない！
$91=7\times13$
$1001=7\times11\times13$

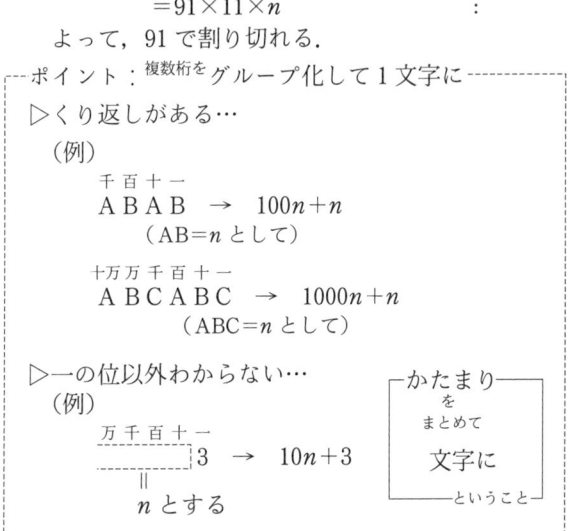

┌─ ポイント：複数桁をグループ化して1文字に ─┐
▷ くり返しがある…
　（例）
　　千百十一
　　Ａ Ｂ Ａ Ｂ → $100n+n$
　　（AB=n として）

　　十万万千百十一
　　Ａ Ｂ Ｃ Ａ Ｂ Ｃ → $1000n+n$
　　（ABC=n として）

▷ 一の位以外わからない…
　（例）
　　万千百十一
　　＿＿＿＿＿3 → $10n+3$
　　＝
　　n とする

　┌ かたまり ┐
　│ を   │
　│まとめて │
　│文字に   │
　└ ということ ┘
└─────────────────────────────┘

☞「5ケタの整数があり，その左端の数を右端に移動させてできる新たな整数…」という場合なども…．

　　　　万千百十一
元の数　　n ＿＿＿＿ → $10000n+m$
新たな数　＿＿＿＿n → $10m+n$
　　　　m とする

とする．

111

7-2 整数の性質いろいろ 応用編

（例1） n を2以上の整数とするとき，n^3-n は6で割り切れることを証明せよ．

解説 $n^3-n = n(n^2-1)$
$= n(n+1)(n-1)$ ……………※

$(n-1) \times n \times (n+1)$ は，偶数×奇数×偶数または，奇数×偶数×奇数であり，どちらにしても，3数のうち一つは偶数．また，連続する3数の積なので，そのうち一つは3の倍数．よって，※は2の倍数でもあり，3の倍数でもあるから，6で割り切れる．

（例2） n を奇数とするとき，n^2-1 は8の倍数であることを証明せよ．

解説 $n = 2k+1$ とする．
$n^2-1 = (2k+1)^2-1 = 4k^2+4k+1-1$
$= 4k(k+1)$ ……………※

$k(k+1)$ は，連続する2数の積なので，どちらか一方が偶数であることから，偶数．よって，※は，$4 \times (2の倍数) = 8の倍数$．

◀表現を変えれば…，＜奇数の2乗は8で割ると1余る＞ということ．
（例）
$1^2 \div 8 = 0 \cdots 1$
$3^2 \div 8 = 1 \cdots 1$
$5^2 \div 8 = 3 \cdots 1$
$7^2 \div 8 = 6 \cdots 1$
$9^2 \div 8 = 10 \cdots 1$
$11^2 \div 8 = 15 \cdots 1$
　　　　　$\vdots$

当たり前といえば当たり前，不思議といえば不思議．商として並んでいるのは3角数．

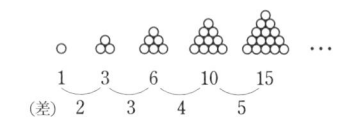

1　3　6　10　15
(差)　2　3　4　5

---ポイント：連続する整数の積---

▷ 2数の積　$n(n+1)$

$P = n(n+1)$ → P は2の倍数
　　どちらか一方は偶数だから

▷ 3数の積　$(n-1)n(n+1)$

$Q = (n-1)\ n\ (n+1)$ → Q は6の倍数

$\begin{cases} このうち1個または2個が偶数 \\ このうちどれか1個が3の倍数 \end{cases}$ だから

（例3） n を3以上の奇数とするとき，n^3-n は最大24で割り切れることを証明せよ．

解説 $n^3-n = n(n^2-1)$
$= n(n+1)(n-1)$
$= \underbrace{(n-1)}_{偶}\underbrace{n}_{奇}\underbrace{(n+1)}_{偶}$ ……………※

※は，連続する3数の積なので6の倍数………ア
※は，$(n-1)(n+1)$ が連続する偶数の積なので，どちらか一方は4の倍数………イ
ア，イより，最大24で割り切れる．

☞ $P = (n-1)(n+1)$ とすると，一方が2の倍数，他方が4の倍数なので，P は8の倍数ということ．

◀連続する偶数の積
$2m \times (2m+2)$
$= 4m^2+4m$
$= 4m(m+1)$ となる．
　　どちらか偶数

連続する偶数が並ぶと…，

　　2　4　6　8　10　12
2の倍数 ○ ○ ○ ○ ○ ○
4の倍数 　 ○ 　 ○ 　 ○

1個おきに4の倍数が出現ということ．

7-3 背理法による証明

(例1) $2^x = 3^y$ を満たす自然数 x, y は存在しないことを証明せよ.

解説 $2^x = 3^y$ …① x, y は①を満たす自然数であるとする.
①の左辺は, 2^x より偶数, ①の右辺は 3^y より奇数.
よって, 矛盾する.
∴ ①を満たす x, y は存在しない.

(例2) 連続する2つの自然数 n と $n+1$ は互いに素であることを示せ.

解説 2つの自然数 n と $n+1$ は互いに素でない(1以外の公約数をもっている)とする. ………………①
$n = am$, $n+1 = bm$ (a, b は互いに素である自然数, m は1と異なる自然数)とする. ………②
2式から n を消去して, $am + 1 = bm$
∴ $m(b-a) = 1$
$m, b-a$ は自然数だから, $m=1$, $b-a=1$
これは, ②の $m \neq 1$ という仮定に反する. よって, $n, n+1$ は互いに素である.

(例3) $\sqrt{3}$ が無理数であることを用いて, 次の[ ]内の事柄を証明せよ.

$\left[\begin{array}{l}\text{有理数 } a, b \text{ について, 等式 } a+\sqrt{3}\,b=0 \text{ が} \\ \text{成り立つならば, } a=b=0 \text{ である.}\end{array}\right]$

解説 $a + \sqrt{3}\,b = 0$ において, $b \neq 0$ とする.
このとき, 両辺を b で割って, $\sqrt{3} = -\dfrac{a}{b}$ …※

※の左辺は無理数, 右辺は有理数であり, 矛盾.
したがって, $b = 0$. これより, $a + \sqrt{3} \times 0 = 0$
∴ $a = 0$ よって, $a = b = 0$

ポイント：背理法による証明の流れ
Step 1 結論と反対のことを仮定する.
Step 2 その仮定から得られた内容が…
　　　　○与えられた仮定
　　　　○すでに真とわかっている事実
　　　に反することを示す.
Step 3 結論は正しい(とする).

← 別名「帰謬法(きびゅう)」. 示すべき結論が誤りと仮定──結論と反対のことを仮定──すると「謬(あやまり)」に行き着くことを示すことによって, 結論が正しいことを導く方法.

（結論）　（結論と反対のこと）

(例1)
～を満たす自然数 x, y は存在しない → ～を満たす自然数 x, y は存在する ＝ x, y は～を満たす自然数であると仮定する

(例2)
～は互いに素である → ～は互いに素ではないと仮定する

(例3)
$a = b = 0$ である → $b \neq 0$ であると仮定する

113

索引

あ	余り	p.30, p.32〜33
	余りが同じ	p.32
	余りに関する古典的問題	p.33
	余りによる分類	p.94
	余りの計算	p.94
	余りの2乗	p.30
	余りの性質	p.94〜95
	余りの周期性	p.95
	余りの積	p.30
い	移行	p.45, p.56
	1次の不定方程式	p.107
	1文字消去	p.50〜51
	異符号	p.10, p.11
	「いもづる」方式	p.107
	因数	p.62
	因数分解	p.62〜66, p.69
え	n進法	p.90〜91
	エラトステネスの篩	p.24
お	オイラー	p.25
	オイラー関数	p.99
	おきかえ	p.61, p.65, p.76
か	解	p.44, p.48, p.55, p.57
	解が1つ	p.71
	解と係数の関係	p.77
	解なし	p.48, p.57
	解の吟味	p.83
	解の公式	p.73, p.74
	解は2つ	p.70
	数の分類	p.6
	カタラン数	p.104〜105
	仮定	p.18
	仮分数	p.7
	仮平均	p.11
	間接証明	p.18
き	基準値	p.11
	奇数列の和	p.102
	基本対称式	p.80
	帰謬法	p.113
	逆数	p.40
	既約分数	p.18
	求値式	p.78
	共通因数	p.62〜64
	近似値	p.16
く	位取り記数法	p.90
け	係数	p.37
	係数が文字の方程式	p.48
	元	p.50
	原点	p.7〜8
	原点からの距離	p.8

索引

こ	項	p.37		循環する無限小数	p.6, p.15
	合成数	p.21		条件式	p.78
	合同式	p.23, p.31, p.96〜97		小数部分	p.16
	公倍数	p.28〜29		情報整理	p.85, p.87〜89
	公約数	p.26, p.28		商と余り	p.30
	根号	p.12		商と余りが同じ	p.32
				真分数	p.7
さ	最小公倍数	p.28〜29			
	最大公約数	p.26〜29	す	数式分野の証明問題	p.110
	差の範囲	p.57		数直線	p.7
	3元連立（方程式）	p.50〜51			
			せ	整数	p.6, p.20, p.36
し	式	p.46〜47		整数解	p.108
	式の数	p.106		整数係数	p.47
	式の計算	p.39〜41, p.78		整数の性質	p.112
	式の展開	p.58〜59		整数の分類	p.6
	指数	p.7		整数部分	p.16
	次数	p.37		正の項	p.10
	指数法則	p.35		正の数	p.6
	四則混合計算	p.35		正負の数	p.9〜11
	自然数	p.6		正方形を切る対角線	p.100
	自然数解	p.107		絶対値	p.8
	実数	p.6, p.15			
	樹形図	p.104	そ	素因数分解	p.14, p.21, p.24, p.63
	10進法	p.90〜93		素数	p.21, p.24〜25
	循環しない無限小数	p.6, p.15〜16		損益	p.36
	循環小数	p.15, p.17			

115

索引

た	対称式	p.80〜81
	帯分数	p.7
	代入	p.49
	互いに素	p.18, p.28, p.98
	多項式	p.37
	たすきがけ	p.67
	たての筆算	p.49
	単項式	p.37
ち	直接証明	p.18
て	定数項	p.37, p.51
	展開する	p.58
と	等号	p.7
	等式	p.42, p.46〜47
	等式の性質	p.42
	等式の変形	p.43
	同符号	p.10, p.11
	同類項	p.37
の	濃度	p.36
に	2元連立	p.50
	2次の不定方程式	p.108
	2次方程式	p.70〜77
	2重根号	p.19
	2進法	p.90〜91

は	π	p.6
	倍数	p.20, p.22
	倍数の見分け方	p.22
	背理法	p.18, p.113
	速さ	p.36
ひ	比	p.38, p.51, p.85
	ピタゴラス数	p.102〜103
	1つの解と他の解	p.76
	比の値	p.38
	比例式	p.38
	「比」を文字式へ	p.38
ふ	符号の処理	p.39
	不定	p.48
	不定方程式	p.106〜109
	不等号	p.7, p.54〜55
	不等式	p.54〜56
	不能(解なし)	p.48
	負の項	p.10
	負の数	p.6
	負の整数	p.6
	文章題	p.83
	分数	p.6
	分配法則	p.35, p.58
	分母の有理化	p.14, p.19
	分母をはらう	p.45

索引

へ	平方	p.7
	平方完成	p.72
	平方根	p.6, p.12〜13
	平方の差	p.60, p.69
	ベン図	p.99
ほ	方程式	p.44
ゆ	有限小数	p.6, p.15
	ユークリッドの互除法	p.27
	有理数	p.6, p.15, p.18
み	未知数	p.37, p.47, p.51, p.86, p.106
む	無限小数	p.6, p.15
	矛盾	p.18
	無理数	p.6, p.15, p.18
め	メルセンヌ	p.25
も	文字式	p.34, p.36〜38
	文字使用上の慣習	p.36
	文字を含む乗法	p.34
	文字を含む除法	p.34
り	立方	p.7
	リュカ	p.25

る	累乗	p.7
	累乗数	p.11
	$\sqrt{\ }$（ルート）	p.12〜13
	$\sqrt{\ }$ の計算	p.14〜15, p.19
	$\sqrt{\ }$ の整数部分と小数部分	p.16〜17
	$\sqrt{\ }$ の大小	p.13
れ	連続する奇数	p.110
	連続する偶数	p.110
	連続する整数	p.110
	連続する整数の積	p.112
	連立不等式	p.57
	連立方程式	p.48〜50
	連立方程式の応用例	p.52〜53
や	約数	p.20
	約数の個数	p.20〜21
	約数の総和	p.21
	約分	p.40
ゆ	有限小数	p.6, p.15
	有理数	p.6, p.15
わ	割合	p.36, p.85
	和の範囲	p.57

索引

発想・着眼等のキーワード

あ	あとはいもづる	p.107
	余りによる分類	p.94
	ある1文字で他の2文字を表す	p.51
え	x, y, z は対等な役割	p.51
か	解の吟味をする	p.83
	かたまりをまとめて文字に	p.111
	カタマリをおきかえる	p.65
	かたまりをつくる(グループ化する)	p.66
き	求値式を因数分解する	p.79〜80
く	グループ(かたまり)に分ける	p.66〜67, p.69
さ	最初の式にもどる	p.66
	(最低次数の)一文字で整理する	p.67
	3文字・2式から2文字・1式へ	p.79
し	視覚化された情報に変える	p.84
	式と等式の区別	p.46〜47
	10進法に直してから計算	p.93
	循環小数を分数で表す	p.17
	条件式を代入可能な式にする	p.78〜79
	条件式を変形する	p.81
	条件としての「比」を文字式に変換する	p.38
	食塩を追う	p.88〜89
せ	0で割ってはいけない	p.48
そ	増減は元の方を未知数に	p.84, p.86
た	対称式を利用する	p.81
	たての筆算で全てたす形に	p.41
	他の文字で表す	p.79
て	定数項がなければ「比」がわかる	p.51
と	同類項はまとめる	p.37
	とにかく1組さがす	p.107
に	2重根号をはずす	p.19
ひ	比 $a:b$ は ax と bx へ	p.87
ふ	複数桁をグループ化して一文字に	p.111
	符号を逆にしてたし算をする	p.41
	不等号の向きが変わる(逆になる)	p.55
	分数・小数の係数は整数の係数へ	p.45
へ	平方の差は和と差の積に	p.69
	平方の差をつくる	p.69
み	未知数とするものを選ぶ	p.84
	未知数をケチらない	p.88
も	文字情報をヴィジュアル化する	p.84
り	立式のためのヴィジュアル化	p.88
	両辺を2乗する	p.81
る	$\sqrt{2}$ が無理数であることの証明	p.18
	$\sqrt{}$ の中を簡単にしながら計算	p.14
わ	和と差の積は平方の差	p.60

索引

公式・準公式

- ◇ 指数公式 …………………………… p.35
- ◇ 分配法則 …………………………… p.35
- ◇ 式の展開(公式) …………………… p.58
- ◇ 因数分解(公式) …………………… p.64
- ◇ 2次方程式(解の公式) …………… p.73〜74

記号

- ◇ | | 絶対値記号 ……………………… p.8
- ◇ ＝ 等号 ……………………………… p.7
- ◇ ≠ 等しくない ……………………… p.7
- ◇ <, ≦, >, ≧ 不等号 ……………… p.7
- ◇ √ 根号 ……………………………… p.12
- ◇ ∠ 角
- ◇ // 平行
- ◇ ⊥ 垂直
- ◇ ≡ 合同
- ◇ ∽ 相似
- ◇ ∴ ゆえに
- ◇ ∵ なぜならば
- ◇ ! 階乗
- ◇ $_nP_r$ n 個から r 個とる順列
- ◇ $_nC_r$ n 個から r 個とる組み合わせ
- ◇ π 円周率

コラム③ 珍現象の原因

こんな入試問題(97年慶応義塾高)もある．右の枠内の式変形で，最後の行のまちがいが(1)〜(6)のどの行直後の変形が原因で，理由は何か，というもの．

〔問〕
$$x^2+2x+3=x^2+x \quad (1)$$
$$x^2+7x+12=x^2+6x+9 \quad (2)$$
$$(x^2+7x+12)\div x=(x^2+6x+9)\div x \quad (3)$$
$$(x+3)(x+4)\div x=(x+3)^2\div x \quad (4)$$
$$(x+4)\div x=(x+3)\div x \quad (5)$$
$$x+4=x+3 \quad (6)$$
$$4=3$$

等式の両辺に対する操作(加減乗除)の中で，唯一してはいけないことがある．＜0で割る＞という操作(p.48)．上の式の場合，(1)から分かるように，$x+3=0$ なので，(4)から(5)への操作——両辺を $x+3(=0)$ で割るという操作——が，最後の行のまちがいの原因，ということになる．

文字による式変形が中心の高校数学では，文字で割る操作は頻繁に登場するので，＜0で割る操作は厳禁＞ということを念頭に置いて式変形を進める必要がある．

119

あとがき

医学を中心とした学問研究の進歩とともに、人間は自身の体に関してかなり高度な知識を手にしている．手足の働きだけでなく、生命維持をつかさどる臓器である心臓の働きに関してもしかり．

しかし、人間を人間たらしめている「脳」については、その機能に関する研究は道半ばといったところが現状のようだ．それほど、脳の働きには奥深いものがある．

受験生と長年つきあっている私は、人間の脳の働きに関して無関心ではいられない．とりわけ関心があるのは、一度頭に入れたものをいかに覚え、いかに忘れるかということである．そしてこのテーマを、脳の働きに関して素人の私は、次のように勝手にイメージしている．

➢ 理解し納得したテーマは、頭のザルに投げ込まれた大小のコア(塊)として存在する．

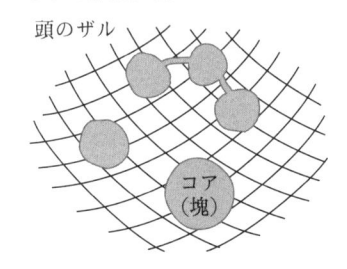

頭のザル
コア(塊)

➢ 大小のコアは、放置すると時間の経過とともに、小さくなっていく．ザルの目より小さくなったコアはザルから抜け落ちてしまう．
➢ これらのコアにアクセスすると、外的刺激によって大きさが増す．強い刺激を受けると、急激に拡大するが、弱い刺激にはわずかしか反応しない．
➢ 一定以上の大きさになると、放置しても小さくならない．
➢ 単体で存在する小さいコアであっても、他のコアとリンクしていると、ザルから抜け落ちない．
➢ 小さくなったコアは、消滅するのではなく、ザルの下にある巨大な空間に格納されていくにちがいないなどなど….

受験生は、公式、公式に準ずる基本手順、着眼点、発想法などを学び、これらの重要事項を自分のものとして使えるようにしたい．つまり、学んだこと(＝コア)をクリヤーな状態のまま頭の中に保存したい．
では、どのようにして？
① できるだけ最初のコアを大きくする．
② できるだけ頻繁にアクセスする．
③ できるだけリンクをもったコアにする．

それぞれ少し付け加えると…
① 深く理解することで、覚えるべきことを大きいコアとしてスタートさせる．根拠・理由、活用法、まちがいの例など、コアを大きくする方法は様々．
② 点検・確認をこまめにすることで、小さくなりかけたコアを元の大きさにもどす．
③ さて、リンク(＝鎖の輪、連結するもの)をもったコアとは….
例1) 重要事項がキーワード化されている；本書 p.118 参照．
例2) 記憶に残したい問題に出題校名とテーマが付記されている；○○高の□□□問題 など．

関連づけの方法は自由で、記憶の達人の多くが覚えたい事柄を様々なものに関連づける工夫をする．

受験生諸君にも、工夫の余地は残されている．自分流関連づけの方法を編み出すつもりでコアの維持・拡大をはかるべきだ．

*　　*　　*

本書は、月刊誌『高校への数学』に連載した記事をまとめたものです．まとめるにあたって、編集部の十河(そごう)さんには大変お世話になりました．世の中の普通の出版社では、書籍の全体の構成や各ページのレイアウト、また文字の校正などの面から執筆者を支える人たちのことを編集者というのですが、東京出版の場合は同時に自ら執筆する人たちです．十河さんも執筆・編集を長年手がけてきたベテランの1人で、連載記事の担当をしていただいた流れで、本書の成立に至るまで、執筆・編集の両面から貴重なアドバイスをたくさんいただきました．ありがとうございました．
(望月 俊昭)

高校入試　数学ハンドブック／数式編

平成24年10月 5 日　第1刷発行
令和 2 年 9 月25日　第3刷発行

著　者　望月俊昭
発行者　黒木美左雄
発行所　株式会社　東京出版
　　　　〒150-0012　東京都渋谷区広尾 3-12-7
　　　　電話 03-3407-3387　振替 00160-7-5286
　　　　https://www.tokyo-s.jp/

整版所　錦美堂整版
印刷・製本　技秀堂
　　落丁・乱丁の場合は、ご連絡ください．
　　送料弊社負担にてお取り替えいたします．

©Toshiaki Mochizuki 2012 Printed in Japan
ISBN 978-4-88742-188-2